AIMER
DONNER
PARDONNER

衣橱里的女孩

〔法〕弗朗丝·盖兰 & 尼古拉斯·托朗 著
陈思宇 译

江苏凤凰文艺出版社
JIANGSU PHOENIX LITERATURE AND ART PUBLISHING, LTD

图书在版编目（CIP）数据

衣橱里的女孩 / (法) 弗朗丝 · 盖兰, (法) 尼古拉斯 · 托朗著；陈思宇译. -- 南京: 江苏凤凰文艺出版社, 2017.5

ISBN 978-7-5594-0443-5

Ⅰ. ①衣… Ⅱ. ①弗… ②尼… ③陈… Ⅲ. ①伤害 - 关系 - 心理健康 - 通俗读物 Ⅳ. ①B845.67-49

中国版本图书馆CIP数据核字（2017）第088707号

著作权合同登记号 图字 10-2017-202

书　　名	衣橱里的女孩
作　　者	(法) 弗朗丝 · 盖兰 尼古拉斯 · 托朗
译　　者	陈思宇
责任编辑	邹晓燕　黄孝阳
出版发行	江苏凤凰文艺出版社
出版社地址	南京市中央路 165 号，邮编：210009
出版社网址	http://www.jswenyi.com
发　　行	北京时代华语国际传媒股份有限公司　010-83670231
印　　刷	三河市宏图印务有限公司
开　　本	880 × 1230 毫米　1/32
印　　张	8.5
字　　数	135 千字
版　　次	2017 年 6 月第 1 版　2017 年 6 月第 1 次印刷
标准书号	ISBN　978-7-5594-0443-5
定　　价	39.00 元

我们一生要走多远的路，才能蜕变成一个成熟、无畏的人？

亲爱的读者，你将要看到的，是一个有着神奇疗愈功能的心理故事。一个从衣橱那黑暗、狭小世界中走出来的女孩，历经磨难找到了属于自己的幸福，成了感动整个法国的“模范妈妈”。每当她感到难以支撑下去的时候，她都会对自己默念一句话：“等我长大了，我会有很多孩子，我不会像家人对我那样对待他们，我要尽我所能，给他们所有我不曾得到的善待。”读完这个故事，你会把过去那些未曾释怀、只是强压下去的伤痛，都云淡风轻地化解干净。

海上的船，没一艘是没有伤的；不放下心里的那些伤，如何能走得更远呢？

伤害并不可怕，那都是历经风雨的验证啊。

最重要的是，你要相信自己值得被爱，而不要停留在过去的伤害里，再去辜负未来。

这本书送给你，愿你在只有一次的生命里，能充分地、活跃地、忘我地、集中全力地、全神贯注地，感受生活的美好。

编者

读了这本书，你会发现，告别灰色的过往并非难事。认为自己生活在伤痕中的人们不妨将此视作希望的信号。“未曾收获幸福”也绝不意味着我们没有播撒幸福的能力。

我将这本书献给我的孩子们，所有我生育、收养的孩子们：是他们让我日益相信——没有什么是事先注定、不可改变的。

我讲述自己的故事，为的是提醒大家：在幸福的“范例”之外、在对幸福的传统定义以及在传统的家庭模式之外期盼幸福，这绝非天方夜谭，我们要做的不过是赋予自己爱与被爱的权利罢了。

序　言

我是一位好母亲。这话不是自吹自擂，而是出自五十多个欢聚一堂为我庆祝六十岁生日的亲友之口。一位好母亲？我可不信。我甚至倾向于把自己放到这句话的对立面。我怎么可能会成为一位成功的母亲呢？从前，一切的一切都预示着我注定会在这条路上失败。

卢梭夫人，那位唯一曾被我唤作“妈妈”的女性，那位我深爱着的“母亲”，在我六岁时便从我的生命中消失了。我曾视她为生母，但事实上她不过是我的养母罢了。而让我降生在这世上的、我真正的母亲，在我九个月时便抛弃了我。多年之后我寻到了她，她已其乐融融地组建了新家庭，我也看得出，她早就把抛弃我这件事抛到了九霄云外。而我父亲的妻子，那位真正意义上抚养我的人，让我在恐惧、暴力和屈辱中长大。在我这里，她永远不配拥有姓名，最多只是个斜体的人称代词——*她*。

在虐待与抛弃中成长起来的不是破坏者就是毁灭者。我为何又迎来了这样一个充满惊喜的生日，身边还聚集了那么多感谢我像母亲一样对待他们的人？我真的成为他们所谓的好母亲了吗？

CONTENTS

目　录

01 陌生男人的登门

我六岁了，但我所熟悉的世界即将逝去。福勒瑞－恩－碧叶尔的火车站月台空空如也，一位我并不认识的先生牵着我的手。他抬头张望着，似乎在等待火车到来。我的姐姐莫瑞斯特就在离我不远处。自从出了家门以后，她就一直盯着自己的脚面。最后几抹阳光隐没在夜幕之后，我们才意识到其实早就该上床睡觉了。美丽夏夜的湿热空气麻醉了我的焦虑，但我仍感到害怕。“好啦！你们看着吧，会好的！”这位先生边说边摇我的胳膊。“我给你们找了个新妈妈！”这个男人是我的父亲，我的生父。要想了解他，我还得花些时日。

几小时之前，我还穿着睡衣在家里同卢梭爸爸和卢梭妈妈一起吃晚饭，我还从未怀疑过他们不是我的亲生父母。当时有人敲门，爸爸起身去开门，眼神里透露出了些许不快。这也情有可原，他才刚开吃就被打扰了。“哦！……晚上好！……”

我听到他一字一顿，显然很惊讶。妈妈也起身去一探究竟。我们这些小孩子被单独留在了餐桌上，这还是头一次。想必发生了什么非同寻常的事。我也放下了餐盘，抬起脸想听听他们在说什么。我听到妈妈惊讶地说："什么！现在？！"我们都停了下来，想看看到底发生了什么。过了一会儿，我们面前站着三个人：爸爸、妈妈还有第三个人——我的生父。

我之前见过他，不过已经完全想不起来是在哪了。可能是在枫丹白露森林散步的时候，我们一整天都在树林里玩泥巴。也可能是在诺曼底的爷爷奶奶家。这可真是个谜。不过他好像认识我们。短促的对视之后，他对我和莫瑞斯特说："好啦！你们上楼换衣服吧！我们要走了！"

无数问题在我的脑海中盘旋。"穿衣服可以，可是为什么啊？要去哪？快到睡觉时间了！"我完全不知所措，跟着妈妈和莫瑞斯特上了楼。我们脱了睡衣换上连衣裙。妈妈把我们的全部物品从壁柜中拿出来，放进一个纸箱里。我用眼角的余光留意着她的每一个动作，试图弄明白这场骚动的起因。妈妈先是把莫瑞斯特的衣物打包：袜子、短裤、连衣裙和小学校服。我看到妈妈拿出了莫瑞斯特的皮鞋，还仔细地叠好了她那件漂亮的连衣裙，这是妈妈为了学校的颁奖礼而特地买给莫瑞斯特的，我们这些小女孩把这种漂亮裙子叫作“舞蹈裙”。我的东西——袜子、短裤、连衣裙和校服也被打包好了。之后，妈妈合上了纸箱。这时候，我开始发慌了：“那我的裙子呢？我漂亮的舞蹈裙！”妈妈并没发脾气：“在晾衣绳上了，还没晒干。你总是把裙子弄脏。”我垂下了眼，我确实总把身上搞得脏兮兮的。妈妈也不止一次这么说，但这次的批评似乎比其他时候更让我受伤。看到了我的表情，妈妈意识到有必要安慰一下我：“别担心。裙子，我会邮寄给你的。”

妈妈没有妥协的习惯，一旦用威严的口吻对我们说话，便总是说一不二。这次，我明显感觉她不敢表现得过于严厉。她脸上挂着局促、强挤出的微笑，这是人们在掩饰不安时才有的表情。是的，有种不安，一种强烈的不安。虽然理解不了发生了什么，但我感觉某种严重的事正在上演。我本想要按下暂停键结束游戏，或者让人给我解释一下游戏规则。可这糟糕的剧情根本由不得我。至于我的“舞蹈裙”，那件粉白相间、点缀着小花的连衣裙，我估计再也看不到了。

* * *

旅途结束了。坐了一小时的火车，加蒂奈森林也被巴黎二十区的高楼取代了。欢迎来到福瑞盖尔街 19 号。这条小路地面的中央有下水槽。在内院里，我仰望着墙上曾被用来拴马的巨大环扣。当然，马早就没有了，但环扣还在，就在与我视线同高的地方，这可真是玩挂金钩游戏的绝配。我们的面前伫立着一扇高大的木头门，配着夸张的黄铜门把手。门后面是一条长长的走廊，墙皮都已经脱落了，我的第一反应就是："真难闻啊！"父亲打开了走廊尽头的第二扇门，里面是个采光很差的房间。这么一个单间，无须几秒便一览无余。灰色的屋子吐露着苦难与忧伤的气息。门的正对面有个脏兮兮的石英石水槽，一个锈迹斑斑的煤气灶，装衣服的纸箱子被摞在一起，摇摇欲坠。一个衣橱样子的家具靠着边上的墙，里面其实藏着被收起的双人床。它的旁边还有一张折叠床。当然了，这里没有浴室，那卫生间呢？估计就是那个在院子尽头的小屋子。

卢梭妈妈那幢井井有条的漂亮房子似乎已经离我很远了。当我还在继续用目光探索这二十平方米的可怜房间时，父亲把装有我们衣物的纸箱放在了一个小长凳上，喊道：“我们回来了！”房间的另一头，一个女人转过身来，她有栗色的眼睛，略带波浪的棕色头发。她穿着带有蓝色条纹的白色尼龙罩衫，正面有纽扣，腰带也是一个颜色，拖鞋上满是油斑。第一眼看到她我就感到浑身冰凉：我不要她成为我的新妈妈。这趟旅行确实使我厌烦了，我想回家。但我还没明白，回程票根本就不在计划之内。

我们才刚来到几分钟，她就要求熄灯。于是莫瑞斯特和我意识到，在这杂物堆中我们也会有一席之地。我们俩将要蜷缩在那张折叠床上依偎着入眠。

第二天早上醒来后，她给我们一人一碗牛奶和一块面包。我不太喜欢不加巧克力的牛奶，更不用说这种已经发酸的奶了。可我不敢吱声，在死寂中屏住呼吸，一小口一小口地吞咽着。我们还没吃完，父亲就起身了，他穿上外套朝门口走去。在出门之前，他用手挠了挠头，停了下来，面带奇怪的微笑对我们说：“女孩儿们！你们要有个小弟弟了！”小弟弟？我一直是家里最小的，所以还不太明白这到底是什么意思。

第二周的周末，他们去马恩河畔诺让散了散步，之后就带着罗伯特——我们的小弟弟，回来了。罗伯特刚过完两岁生日。他有三个苹果那么高，可爱极了。但在我这个小女孩看来，他更多地象征着我所卷入的奇怪世界。在这个世界里，孩子们似乎可以随意更换家长，找到几个新的妈妈，还会有一些已经会走路说话的小弟弟突然出现。这样的魔术真是既精彩又吓人。

可是，小弟弟要睡在哪儿呢？这个问题在我脑袋里盘旋了一整天。虽然年纪小，我还是能够观察出，在住房和家具方面，我的新父母并不想多做投资。在装饰方面也一样。我们要把折叠床分给小弟弟睡吗？他会不会睡在地上？终于，夜幕降临了，我看到她在靠墙的餐桌旁摆了三把椅子，然后又在上面放了三个垫子。这样，罗伯特可以在墙和椅背的保护下安睡了，大人命令他夜里不要乱动。

几个星期过去了，几个月过去了，我也一点一点地熟悉了我的新家。我的父亲是个邋遢的矮胖男人，他的手上布满伤口，满是血污。他穿着同样布满血污的靴子，上面还混着肉渣。父亲在巴黎市中心的中央市场[①]卖下水。当时，夏特雷－大堂街区可谓是首都的仓库。无论是生产商、消费者还是中间商、搬运工、批发商或经销商都会聚集于此。法兰西岛所有居民的饮食也必经此处。在这一狂热的销售链中，我父亲整日贩卖动物内脏：肝脏、肠子、心脏、脑子、肺。从鸡屁股到牛头，他都要一一分解、清洗，之后将各种动物的下水包装好放在他的货架上。他的裤脚总是僵硬的，因为凝固了动物血。他的周遭永远散发着腐肉的恶臭，再加上劣酒和汗臭味，真让人犯恶心。

晚上收工后，他会在福瑞盖尔街和维特鲁威路交叉口的酒吧停留。离那里五十米远的比利牛斯路 139 号便是巴黎最大的啤酒厂——凯驰啤酒厂。凯驰啤酒的商标上画着一个站在酒桶上的女人，她双臂张开，一手握一个啤酒杯。这个图像也被贴在了首都的所有吧台上，随处可见。这是二十世纪上半叶最成功的商业案例之一，其创始人，亨利·凯驰甚至在 1914 到 1933 年期间担任巴黎二十区的区长。在父亲每晚必去的小酒

---

① 位于沙特雷－大堂地铁站的附近的巴黎大堂（Les Halles）如今是法国首都的现代化商业文化中心，其前身是巴黎中央市场，于 1971 年被拆除。——译者注

馆中，聚集着凯驰酒厂的工人，饮酒如注于是成为常态。从此以后，几乎每个晚上，新妈妈都会让我去喊父亲回家。“去看看你爸回来了没有……”我不太喜欢她对我说这话时的生硬口吻。尤其是周五，因为周五是发工资的日子，可在酒吧吧台，请酒友们喝几杯，一沓钞票很快就飞了。

奇怪的是，即使不太光彩，我还是开始喜欢上了这个小酒馆，工人们在这里营造出的烟酒气甚至成了刻在我记忆中的某种情感标记。去的次数多了，我也就习惯了。在等待父亲喝完那杯酒，或者说那些杯酒的同时，我会坐在酒红色的皮凳上。椅面的边缘镶嵌了一圈圆钉。我只好数钉子玩，还默默地用钉子打赌，测验自己的运气：“数到第十颗钉子，我们就回家……”与此同时，我会用眼角打量着父亲杯中还剩多少酒。如果很快就要数到十了，我就会放慢速度，企图正巧赶上父亲抬手宣布离开。问题是父亲每晚在酒馆逗留的时间与日俱增，为了多给他一些时间，我增加了数图钉的数量，但却毫无用处，他总有办法让我赌输。有几次，我已经把椅面上的钉子数了三圈了，于是去拽他的皮衣衣角：“好了，我们回去吧……”然而，他总还有一巡酒没喝完。“噗！等一下！我们还有时间！”他对我说这话时似乎想要吹口哨，但并没有成功。

在酒吧里，有样东西让我觉得棒极了，那就是吧台尽头的泡泡糖自动售货机。每天晚上我都会入迷地抬起眼睛，观察着这个装满各色小球的大玻璃泡，脖子都快仰断了。一旦有客人买泡泡糖，我就会等着听机械旋钮在机器内部搅动泡泡糖的声音。可我只有六岁，还没钱给自己买泡泡糖。酒吧老板见我总在这机器附近转悠，便很快明白了我也想吃泡泡糖。所以只要看到我在等爸爸，他就会从吧台的另一边绕过来，穿着他那条满是酒渍、咖啡渍的深蓝色围裙。“你好呀，我的小弗朗丝特。”他边说着边用手捏了捏我的脸颊。然后他冲着泡泡糖机就是一拳，把掉下的那颗泡泡糖送给我。我总会默默地用糖的颜色打赌：“如果是个绿色的，就意味着我们要回家了……”

如今，我在酒吧里度过了很多时日，这里的人都像招呼老主顾一样欢迎我：“哦，小弗朗丝特来啦！”在我看来，这里几乎是家的延伸，是家的另一个房间。我甚至观察到了另一个奇怪的现象。老板过来送我泡泡糖时，他似乎瞬间变矮了。为什么在吧台后面会比在吧台前时个子高？奇怪。一天，我决定亲自去一探究竟。钻到了吧台后面，我发现老板其实站在一个二十厘米左右的高台上。在那时，所有的小酒馆都会有这种台子，为的就是让老板能够观察到店里酒鬼们的一举一动。

在我到来时，父亲通常把胳膊肘抵在吧台上，手里握着一只酒杯，同朋友们聊天。他的朋友就是凯驰酒厂的工人们。他们总是同样的一拨人。有时，如果在酒吧待时间长了，我就会看到他无精打采地靠在桌子上，用手掌撑着脑袋维持平衡。他经常和一个头戴蓝色贝雷帽的大胡子在一起，这个小个子先生说起话来总是含糊不清。还有些时候，我们会顺利地回到家去，我的小手放在他的大手中，被紧紧握住，这手上沾了血污和酒渍。这二十多米的距离能让我感受到一点父亲的温情。算上因为酒醉走出的曲线，估计有三十米。虽然这根本不能和我在卢梭爸爸妈妈家获得的爱相提并论，但总归比没有的强。另外一些时候，我就不那么受待见了。如果他已经在酒吧待了很久或喝了太多，就会冲我喊："哎哟，蝈蝈，你来啦？！"我能够根据他的眼神判断出他喝了多少。如果他的眼球在眼眶里来回转动，不能盯住固定的一个点，就说明为时已晚。反之，如果我来得太早，他还没喝够，就会恼火地盯着我的双眼："什么，你这就来了？！"我呢，事实上我想要的不过是个小小的拥抱，一点温情。不过我毕竟有免费的泡泡糖吃，这已经很不错了！

终于，在二十点三十分左右，我们推开了家门，晚饭通常已经做好了。我们坐在餐桌前，一言不发地吃着。这种状态并不会持续很久，因为几分钟之后我们就会上床睡觉了。她展开折叠床，过不了多久，父亲的呼噜声便充斥在这二十平方米的可怜房间里。在午夜和凌晨一点之间，他会再次起床去工作。因为我们都挨得很近，他不得不抬腿跨过去才能出门。再加上家里总是乱糟糟的，他每次都会把我们吵醒。一大早，我们会把所有东西收拾好，把折叠床还原成沙发，把父母的衣橱床合拢，把罗伯特的椅子放回原处，椅背靠墙。在离家上学之前，我还会把早餐的碗碟洗好。啊，这有什么？八岁的我当然可以像大人一样洗碗了。

只过了两年，我几乎快忘记卢梭妈妈了。然而，暴风雨即将来临。不过，在此之前，一个消息的到来使我在心头松了口气。

02

那段过往的终结

今天，爷爷死了，似乎是由于肝硬化。看到奶奶很难过，我也不好受。但这件事可真让我松了一口气！自孩提时代起，我和姐姐莫瑞斯特每次假期都是去爷爷奶奶家，他们住在卡尔瓦多斯省的利瓦罗。上次我们过来时，爷爷在床上奄奄一息，我被要求每天早晨负责为他洗漱。是他坚持让我而不是别人做这项工作。每次给他刮脸时，他的目光总是停留在搪瓷盆底的锈斑上，我咬着牙等待着尘埃落定。

在祖父母家度过的假期连同当时体验到的情绪与感受都被封印在我的记忆中。奶奶在生产利瓦罗奶酪的格兰多热工厂做工，利瓦罗奶酪的气味可谓独一无二。那位干瘪瘦小、满脸皱纹、将花白长发缠成发髻的老妇人又出现在了我的眼前。同很多上了年纪的女性一样，她的嘴唇变得很薄，人们几乎看不到她的嘴唇。不过，最老的还要数奶奶因为关节炎而变形的手指。

然而，在抚摸我的脸颊时，她的手总是柔软的。这就是温情的奥秘所在。很多年之后我才知道，我和奶奶同名，我们都叫弗朗丝。这个名字并不怎么新颖，但好歹比她姐妹惠西（Russie在法语里意为俄罗斯）的名字要好。幸好有奶奶在，多亏了她，我才能稍稍忘却在这边过假期时的恐惧，虽然她对此并不知情。

爷爷奶奶的房子里弥漫着苦难与忧郁的气息。这是一个用砖块盖成的小屋，坐落在一条幽暗的小道尽头。屋子里有黑白色装饰。房子的底层是起居室，起居室的地面用压打过的泥土铺成，所以不能把水弄到地上，不然就会成一团泥污。房子的后面有一块很小的地，奶奶在那里种了各色大丽菊。大丽菊的旁边是兔笼。在我儿时的头脑里，我一直把这些兔子视作我的伙伴，直到有一天看到它们被祖父拧断了脖子扔进锅里。更可怕的是他会把兔皮晾在外面，为了之后卖掉。我这辈子都忘不了平铺在房子周围的兔子皮以及它们散发出的腐尸味。

格兰多热奶酪厂离爷爷奶奶家不远，那个红色砖头筑成的房子被印在了利瓦罗奶酪的商标上。我常在傍晚时分过去。那儿的奶酪味很浓郁，却使我心安。这味道能安抚我，让我有安全感。一看到我来，负责接待的女士便扬起了挡在玳瑁眼镜后的眉毛。她嗓音很高，喊道：“啊！小弗朗丝特！”之后，她便高声冲着走道大叫：“弗——朗——丝——，小弗——朗——丝——来了！”如果祖母还没完成当天的工作，我会乖巧地坐在一张小木凳上。我的脚还触不到地，我靠小腿前后摇摆着打发时间，一边晃一边数，碰运气地跟自己打赌：“数到十，奶奶就来了……”我逐渐放慢脚的动作，为的是能在最后一个动作完成时等来奶奶。有时，格兰多热夫人会在我等待时送一个棒棒糖或一颗糖果给我。不过由于周围的奶酪味太浓了，我分不清糖果是什么口味的，只能感觉到舌头上的甜味。我有时也会觉得在奶酪厂等候的时间很漫长，会有些无聊。“但我至少可以远离他。”

在利瓦罗还住着欧班阿姨，她其实是奶奶兄弟的妻子。这是位很爱打扮的优雅夫人。她的头发总是仔细地打着卷，脸上搽着粉，手上戴满戒指，还戴着耳环，所有的这一切都被笼罩在薰衣草味古龙的“云雾”中。她经营一家乳制品店，离奶奶家就几步路。她的店里同样充斥着奶酪味，还有她身上的女士香芬味。

我很喜欢欧班阿姨的乳制品店。进门时，会有小铃铛响起，提醒老板有客人来了。店里的地面铺着传统的小块地砖。正对门口的柜台放着小盒的鲜奶油和生牛乳。货品上方的墙上挂着一个大勺，供自带容器的顾客取用。柜台的尽头便是结账台。欧班阿姨有时也会让我“掌勺”给客人们盛牛奶。我因此倍感自豪，觉得自己像大人一样。在这里我同样感觉到“远离了他”。

乳品店的后面有个长长的走廊，欧班大叔用碗碟的碎片做了装饰。在我看来，这条走廊就像是彩色城堡的入口。走廊的尽头有一间制作奶酪和黄油的工作间。有时，欧班阿姨会让我和她一同工作。我用漏勺从装满牛奶的大桶中捞出浮在表面的凝乳，把它们倒入一个覆盖着纱布的沥水器中。欧班阿姨在身后指导我操作：“你可一定当心别把凝乳弄碎了。”最后，我们把凝乳团倒进模具中。模具有圆形的、方形的还有心形的。和其他小女孩一样，我喜欢心形的模具。

欧班阿姨和丈夫就住在店铺的后面。有时候，我也会和姐姐一起在他们家过夜。这也是我假期中最幸福的日子。如果天气很冷，欧班阿姨会在壁炉里生上火，然后用炉子里烧热的砖头暖床，这样我们上床睡觉时就不会觉得冷了。我总是迫不及待地等着钻进鸭绒被的那一刻。我光脚站在洗手池前洗了把脸，便开始打寒战了，不过几分钟之后，我就第一个钻进了温暖中，感觉自己似乎在云彩里入睡。这里同奶酪厂一样，能让我感到安心、宽慰。奇怪的是，奶奶家离这里不过只有几米远，我们没有任何理由住在欧班阿姨家。但这件事总是让我开心，我也从来没有询问过原因。

在爷爷和奶奶家，泥土地铺就的起居室中央有个烟囱，整个屋子都被它熏臭了，墙壁上也布满烟灰。一切都是灰色的。在爷爷奶奶家，我们互不对视、互不交流。在爷爷奶奶家，我坚忍度日。二楼，在我们房间的中央有个大梯子，可以爬上阁楼。第一次想要躲进阁楼时，我发现难度很大，因为梯子横杆间的距离比我的腿还要长。我刚刚透过窗户看到爷爷蹒跚地往家走。他在铁路后面的库房工作，离家有几米远。每晚他都会穿过田地回来，身着蓝色工作服和白色背心，一脸油污。他不好好刮胡子也不好好洗澡，手里还总拿着一瓶红酒。但我们所有人都更喜欢他喝醉，那时候的他更和善。此外，他还经常让孩子尝酒，会在我们的水杯里倒上几滴。每餐结束后，我们也都会得到一块浸在苹果烧酒里的糖。奶奶有时会在葡萄酒瓶中兑上水。但是爷爷能察觉到，每次他都会摇晃着酒瓶冲着门厅喊：“这是什么破玩意？你又往葡萄酒里面掺水了！”有时，酒瓶会被扔向奶奶。她清楚地知道爷爷喝多了。可她是不是都知道呢？又怎么能不知道？

第一次看到他褪下裤子是在一楼的烟囱旁。当时的我浑身痉挛，像纸片一样战栗着。他拿起我的手，放到他的阴部，我感觉到他那里变硬了。“什么也不要对你奶奶说！”他提起裤子命令我。我那时五岁。

之后的一次我跑去阁楼里躲了起来。我看到一幅巨大的耶稣黑白画像。耶稣双手平举，胸口有三滴血流出来。这就是圣心的画像。我觉得躲在有我两个高的画框后面是个好主意。但他没花多长时间便找到了我。同上次一样，我不得不把手放在他那里。我不知道他想干吗。我只知道他强迫我做我不想做的事。我紧闭着双眼等待这一切快点结束。

还有一次，他把我的脸紧贴在他的下体。汗水、酒味和污垢让我恶心。排斥感和罪恶感在我的头脑中盘旋，让我陷入地狱般的挣扎之中：“我做了什么坏事吗？可能和祖父这样是正常的。或者这是不是为了惩罚我太吵了。我总是唱歌，跳来跳去。奶奶因此称我是蝈蝈。我知道我跳来跳去的惹爷爷烦。可是，不应该这样！他这样对我是因为我不听话？”我闭上眼睛不愿意看他的性器官，我的耳朵嗡嗡作响，但还是能听到他的呻吟。最后我把能吐东西都吐出来了。我觉得自己快提不上气了。而他下楼坐回到了烟囱旁。

爷爷最终夺走了我的童贞，就在我六岁生日后不久。那天，我整个人躺在方砖上，在阁楼的中央失去知觉。我流泪、发抖、痉挛，最后大脑一片空白。醒来时，我没尝试着去理解这件事。下腹部的疼痛让我不能动弹，我穿上衣服，走下阁楼。我确实不太机灵，总是躲在阁楼里的耶稣像后面。这太好找了。但最糟糕的是我还为他找理由：“他可能对所有人都这样……”

这种折磨持续了两年多，每次假期我都逃不了。今天，爷爷死了，我也松了一口气。

03 记得保持警惕

还没来得及起身，我眼角的余光就看到*她*像发疯的猛兽一样朝我扑来。*她*的巴掌落在了我的左脸上。我摇晃着。“臭东西！你就一定要碰这自行车，嗯？你就那么想动它！”我想叫，想喊，可是被哽咽堵住了喉咙。我一直跪着，没办法起身，浑身痉挛。*她*的眼球快被瞪出眼眶，面部因为愤恨而扭曲，手总是扬着，似乎准备在我动的时候再打我一次。可是，*她*为什么这样对我？

我们刚刚搬离了福瑞盖尔街，在巴黎18区的沙贝尔大道102号住下。父亲在搬家后仍保持与之前相同的生活节奏。他回家的时间仍然不固定，这取决于他在傍晚要喝多长时间的开胃酒。不过他之后都会去中央市场外面的小酒馆。远离*她*，远离我们。他终于可以安静地喝喝酒了。每天，我都看到他骑着新买的红色自行车摇摇晃晃地回来。这辆红自行车可真漂亮啊！车龙头上甚至还有一块不锈钢的标牌，上面刻着他名字：贝尔纳·皮埃尔。每天，他都笨手笨脚地把自行车靠墙停放。而我每次看到它，都两眼放光。这辆自行车太漂亮了，它艳红色的涂层简直就像是圣诞老人的工厂里造出来的，太诱人了。

今天，我想要试试这辆车。可问题是它对我来说有点大了。此外，车中间还有个讨厌的横梁挡在那儿。我摆弄着自行车，尝试着各种方法，想把腿迈过去。最后，扑腾一声！车砸在了我的头上，胳膊肘也流血了……就在此时，暴怒的*她*冲出门来打我！

可是，怎么会有人这样暴打一个摔倒在地的小女孩呢？她才刚刚受了伤。颧骨的灼热让我瞬间忘记了胳膊肘的疼痛。而*她*的耳光则更让我觉得自己受到了不公正的待遇，这让我的心灵很受伤。我没有意识到的是，*她*刚刚立下了第一条规矩：在之后的十年，这些拳打脚踢会随时随地发生，在我猝不及防时尤甚。这里传达的讯息也很清楚：我要保持警惕。

然而在内心深处，我认为*她*没有权利这样对待我。这一切都是不对的。片刻之后，我觉得自己找到了逃避噩梦的出口，我皱着眉对她说："我要告诉爸爸……"可是，*她*的回答比巴掌更可怕，*她*说："你爸爸，他才不在乎呢！再说了，他根本就不是你爸爸！"她开始冷笑，很显然对自己刚扔出的这颗炸弹满意极了。我父亲并不真是我的父亲？这可真是个弥天大谎，但它却让我对自己产生怀疑。*她*于是书写了第二条规矩：不用求救了，没人支援你。我在这个世上孤独无依。

至此为止，我觉得这位新妈妈有点专横，令人讨厌。但我远远没有想象到我面前的这个怪兽有多可怕。我父亲在几个月前娶了*她*，那是 1961 年的夏天。我记忆犹新，那天*她*穿着绿色的连衣裙，手拿橙色花束。而我则更偏爱白色的公主裙。不过，*她*的婚裙也的确很漂亮。而我父亲则穿着那件他在任何场合都穿着的灰色西装。他看上去很高兴，但几小时以来*她*就开始躁动不安，在出发前的几分钟，*她*挡在父亲面前，直直地盯着他的眼睛：

"你有婚戒吗？"

"没有……"

"那之前的那个呢，你怎么处理的？"

"呃，我也不知道了……"

之前的那个？之前的哪个？之前的婚戒？通过他们的对话，我推断出父亲之前结过婚。但和谁结的婚？这就不知道了，可能是和我的亲妈妈，那个生下我的人。但我也明白了他们的爱情根本就不是童话故事。我父亲正要娶一个问他讨要从前婚戒的女人，而*她*对此一点都不觉得害臊。而父亲也因为没有戒指而略显尴尬。“等一下，我马上回来……”父亲对*她*说道，*她*于是开始咆哮：“好样的！我们现在就要迟到了！你要去哪？”

五分钟之后，父亲回来了，对自己甚是满意，他手上戴着一个新戒指。在我看来，与其说是戒指，倒不如说这更像是钥匙扣的圆环。*她*开始疯狂地嘲笑起来。父亲在哪里找到的这个婚戒？在缝纫用品店。是的，确实如此！第二次结婚，父亲去了维特鲁威街上的缝纫用品店买了个窗帘环。

或许，*她*突然想到了自己的已婚身份？再或者，*她*可能是害怕看到自己被父亲抛弃而克制了恶行。我对此一无所知，但值得肯定的是，从此以往，*她*的残酷不会有任何限度。要不了几年，我就会成为她的女佣，*她*的所有物。

除了每天上学前要把早餐餐具洗干净以外，*她*还开始教我洗衣服。我蹲在一个锌制的洗衣桶前，搓洗裤子、衬衣、内裤、袜子和胸衣。之后，我会把厨房的脚凳搬到院子里，踩在上面晾衣服。我还要擦洗父亲的鞋子，上面有动物的血液和风干了的肉屑。我甚至还要用黑狮牌鞋油给他的鞋子上光。这些鞋子的气味糟糕透了，但为了把它们擦亮，我不得不凑上去。开始的几次，我都恶心得想吐。但几天之后，我也就习惯了。小孩确实很好使唤，他们什么都能适应。只需消除他们的防御能力，便可以对他们提任何要求，让他们忍受任何事。

洗完碗和衣服之后，*她*还会让我去买东西。最早要求我在放学后买面包和报纸。之后还要我给弟弟买牛奶：学校旁边的卡为路上有一家乳制品商店，每天早上我都要去那里买一瓶牛奶回来当早餐。洗完了碗之后，我再次出发，这下终于可以去学校了。

自行车事件让我从一个孩子变成了一个时刻警觉的人。我总感觉自己受到威胁。于是便尽自己的所能让*她*满意。我低头、顺从都是因为害怕挨打。*她*的控制成了一条无形的绞绳，可以平静地扼住我的脖子。*她*最大的绝招就在于我年纪还太小，以至于没有意识到自己在做超出我实际年龄的劳动。*她*对我发号施令，我只想着把事情做好，却不提出任何质疑。我其实可以尝试寻求帮助或靠哭泣解决问题。但*她*很聪明，逐渐增加劳动的强度。苦差事一点点增多，但我却并没感觉到自己丧失了自由。这更像是一种有预谋的、经过深思熟虑的驯养，而目的也只有一个：我做得越多，*她*做得就越少。

1963 年，我们把家搬到了博比尼市的火车站路 2 号。在这间新公寓中，我将完完整整地忍受*她*的暴行。没过几个月，我已经彻底沦为家里的奴隶。洗衣服洗碗？很简单，*她*再也不用插手。每天晚上，*她*只需将一天的衣物泡在浴缸里，放上水再加一撮洗衣粉就好了。第二天一早，是要我在起床后用刷子刷洗。我持续几个小时的洗啊、刷啊，以至于胳膊都抽筋了。之后，我还要用手把衣服拧干，把它们放进桶里，最后才再扔进洗衣机。“可是，等一下，如果有洗衣机的话，为什么*她*还让我用手洗这些衣物呢？——傻瓜！那是因为洗衣机洗得不干净！”

我有时候也会觉得疲惫，尤其在没睡好的时候。我刷衣服的动作也变得越来越慢。*她*看到了之后，提醒似的命令我：

“哦！可不是让你在那睡觉的！”一听到*她*的声音，我立刻肾上腺素升高，口干舌燥，双手颤抖，就像个小士兵一样直起身来，抓起另一件衣服，马上继续工作。

一天早晨，我真的睡着了，脑袋靠着搪瓷浴缸的边缘。冲我叫喊还不够，*她*最终用手背的巴掌把我打醒。*她*的手重重地落在我的右脸上。我瞪大了眼睛，身体因惊讶而痉挛，既哭不出来，又喊不出来。但最可怜是的这次我认为我的态度和*她*的举动是有必然联系的。同上次从自行车上摔下来挨打不同，我觉得这次被打完全合理：我没有好好干活，所以*她*打了我。规矩的第三条也印在了我的脑海里：“要么干活，要么挨打。”

好了，*她*胜利了。从此以后，我不仅要提防那些突如其来的拳头，还要更快更好地服从。为了争取时间，我会找出不太脏的衣物，把它们直接放到桶里，然后快速地拿起另一件衣服刷洗。让*她*听到刷洗的声音才是最重要的。否则我就会挨打。问题是早晨一醒来就要离开梦乡，这总让我感到痛苦。我无法控制自己：我的思绪会游走，手头的活也就放慢了速度，拳头耳光也随之而来。扇耳光后来被演化成了用脚踢。这更方便，因为*她*不用弯腰了。脚踢很疼的，尤其是被踢在肋骨上，但至少我的头部能幸免于难。后来我就习惯了，过了一段时间，*她*打我时我也不看*她*，而是继续洗手里的衣服。

有一天，*她*比平常更恼火，拽着我的头发把我扔到了走道上，我靠墙蜷缩着，用胳膊护住脑袋。拳打和脚踢波涛般涌来。我的身体被这脱缰的暴行打垮了。我的大脑呢？也失去意识，昏迷了。我们刚刚又步入了新阶段。还没等到十岁生日，我的身体就已经不再属于我了。

后来，*她*还会用我父亲的皮带。再后来用的是那会很时髦的器件，这个工具在所有的杂货铺或很多法国家庭都能找到：散鞭。剧情通常都是一样的，我洗衣服，*她*打我。我常常企图理解自己究竟做了什么让*她*变成这样。可我总是尽力做到最好。为什么会使得暴行升级？或许*她*觉得我冒犯了*她*。但我从来都一言不发。在*她*打我时，我捏紧拳头，紧皱双眉但不哭泣。我从不哭。无论如何，我不会在*她*面前哭。“竟然不觉得疼！”问题可能出在这儿。*她*可能想看我受不了而向*她*求饶。也可能是我无声的忍耐激怒了*她*。然而，*她*并不知道每晚睡觉前我会流多少泪。

我每天都会挨打，而要做的苦工也越来越多。现在，我需要清空碗橱，清洗里面的七十二件陶瓷餐具。之后，我还要擦拭家具。每周如此。工作期间吃不吃东西都不重要，重要的是把东西擦亮。我还要用酒精把厨房里的餐柜擦亮，尤其不能忘记镀铬的柜脚，底面以及靠墙的地方。每周，我还要擦窗子。我觉得这是最烦人的。我要站在脚凳上，手拿报纸和清洁剂擦拭。*她*经过我身后，在我不注意时打我，我站在脚凳上，这个高度正好。

每个月我还要擦地板，那是一些黑白相间的乙烯基石棉方砖，在20世纪60年代特别流行。我呢，要连续几个小时趴在地上，用钢丝球和羊皮擦拭。“擦亮些，不然有你好看！”然而，这种材质永远不会发亮。这一事实不足以使我避免惩罚：“你真是个废物！”一个周日的午后，我正蹲在地上擦洗这该死的地板，身后被重重地猛踢了一脚，这让我整个人飞到了走廊的另一边，头撞到了大门上。撞击太猛烈以至于让我暂时失去了意识。醒过来时，我感觉刚才像是有炸弹在我头骨中爆炸了。*她*像往常一样，双手叉腰站在我面前，嘴上挂着笑。*她*的虐待毫无克制、愈演愈烈。最后，*她*甚至在她的散鞭上安了图钉。从此以后，皮带抽打带来的灼热、图钉尖在大腿上划出的猫爪般的伤口如影随形。第一次，我闭上眼睛，咬紧牙关，晚上独自躺在床上哭泣。随着时间的推移，我变坚强了。几个月后，*她*一边打我一边抽我，在把抽坏了的鞭子扔进垃圾箱之前，*她*还不忘用鞭子的手柄打我。

十二岁时，我已经要给全家人做饭了。早饭，中饭和晚饭。鸡肉米饭，蔬菜炖肉，菜汤，蔬菜肉汤，奶酪脆皮烤菜。我逆来顺受，没有菜谱就靠留心观察或即兴创作。即兴创作确实高效。每一次尝试新菜的结果通常都是一顿痛打。但通过*她*在我耳边的指责，我也能获得一些小窍门，下次便能做得更好。我就是这样成为一个好厨师的。还没到青春期就已经成了家庭主妇。周末，我甚至会用父亲周五从中央市场带回来的下水做菜。脑浆、肠肚、肾脏都由我来清理。我甚至学会了如何去掉牛头中的骨头：先把头骨分成两半，注意不弄坏脑浆，之后去掉舌头和眼睛。眼睛也是我唯一讨厌的，我总觉得它们在盯着我看。

不幸的是，针对我炉灶后的身份，*她*的虐待也多了些新花招。开始时，*她*宣布我没有权利跟他们一同在餐桌上用餐。我要满足于靠剩饭过活。在他们品尝我做的菜肴时，我要在一旁侍奉，做家务以及其他活计。在他们吃完了饭之后，我要清理餐桌。我也是在这个时候吃饭。如果盘子里还有剩下的，我就吃。如果什么都没有了，我就只能等着下一餐。有时我也会被邀请坐下了，而这其实是最糟糕的。“你的盘子呢？！”*她*冲我叫嚷，一口啐在我脸上。我这才意识到自己该去冰箱里把所有过期的东西拿出来吃。在口中停留时间最久的要数黄油的馊味了。之后的连续几天，我吃什么东西似乎都带着一股馊黄油味。最难以下咽的是什么？那些因为*她*没有让我及时烹饪而变质的下水。通常情况下，我最后会在*她*愉悦的注视下吐个干净。而有时，*她*还会要求我再吃干净，这全看*她*心情。

从此以后，我无意识地服从，只想着如何避免挨打和惩罚。我成了个机器人，别人让我干什么都行。*她*便抓住时机羞辱我，开始策划新的戏码，而目的只有一个——贬低我。“喂，你给我们做扁豆，豆子里面塞上肉馅。”一天晚上，*她*这样对我说。给扁豆塞肉馅？好吧，我们看看。这没什么特别。我先试着把扁豆切成两半。不行……我于是决定先煮一下，但不能煮太久，不然在打开时会碎掉。还是不行……该死的扁豆！时间慢慢过去，我因为害怕不能完成任务而恐惧。一个小时过去了，汗水沿着我的太阳穴往下流，*她*决定把我从这变态的恶作剧中解放出来：“你简直蠢透了！你真是什么都能相信，我可怜的孩子！”

小小的恭维过后就是反手一耳光，打在我的右脸上，原因是我“无缘无故地把扁豆弄坏了”。

这些羞辱带给我的伤害绝不逊于身体上的暴力伤害。事发之后我总会觉得屈辱。慢慢地，我开始接受“我确实很蠢”的观点。就连看着牛头时，也觉得它那双眼睛正在嘲笑我。

04 回忆中的卢梭爸爸

有时，为了逃避现实，我会再次想起卢梭爸爸。我又看到了房门前种的绣球花。它们是粉色的，但是“爸爸”却能让它们变蓝。他把一些大铁钉放在一个盛满水的小杯子中。过了几天，水就变成褐色的了。之后，我们会用这个生锈的水浇灌绣球花。第二天，花就都变蓝色了。在我看来，爸爸真是世界上最伟大的魔术师。

外表上看，爸爸是个瘦高个，常常穿着蓝色的罩裤和格子衬衣。他头上总戴着一顶鸭舌毡帽。爸爸还留着浓密的小胡子，在亲吻我们时胡子会扎我们的脸。这些吻很粗糙，但却饱含温情。爸爸话不多，但语气却总是中肯的。

他的威严自然却又使人安心。为了表现得公正，爸爸妈妈总是很严格。家里的生活如军队般井然有序，但却是有爱的。

他们也从来不会打我们。

爸爸和妈妈建立了一个大家庭，他们有七个孩子。我的哥哥姐姐们分别叫作多米尼克，克里斯丹，玛德琳娜，让－雅克，莫瑞斯特和德尼斯。德尼斯有点特别，应该是智力缺陷。但我也不确定。因为当时爸爸妈妈从不把我们区别对待。不过现在再想起她那张小脸，她半闭的双眼，微张的嘴，德尼斯很像是先天愚型儿。

在卢梭爸妈家，一些孩子的年龄相同。比如莫瑞斯特和多米尼克，她们都比我大四岁。但她们并不是双胞胎。没有人在我们面前提过这类事情。对我来说，这些都是正常的。我当时还太小了，理解不了有些孩子跟爸爸妈妈并没有血缘关系。有些孩子是爸爸妈妈亲生的，而有些则是在社会健康指导机构的安排下“空降”到家里的。我就属于第二类。但在那时，我们在日常生活中根本感觉不到自己的特殊。

我们当时住在福乐瑞－昂－比耶尔，离枫丹白露约十千米。我们的家是一栋石头砌成的漂亮房子，朝向村庄的中央广场。在我儿时的眼里，这幢房子大极了。底层有主要的房间，也就是人们所说的起居室。我们在这里做所有的事情：洗漱、烹饪、用餐。吃饭时，我们会坐在大餐桌旁，七个孩子坐在长椅上，占据餐桌的一侧，爸爸妈妈则坐在我们正对面。用餐的规矩很简单：餐巾围在衬衣领外面以免把衣服弄脏，禁止把手肘放在桌上，当然了，我们“要把盘子里的东西吃干净”。在离开餐桌时，“要把餐巾收进碗橱里”。

爸爸当时从事的职业在今天已经完全消失了。他曾经是一名纺织梳理工。在当时，床垫并不像今天是海绵制成的，而要用羊毛填充。随着时间的推移，床垫会在使用了四五年之后变硬，这时就需要把布面拆开，把羊毛取出来通风，让它恢复弹性，然后再放进床垫内。爸爸用一个很奇怪的机器给羊毛通风。那是一个方形的小桌子，上面放了一个可以前后摇晃的托盘，这机器很像我们在游乐场看到的海盗船的缩小版。在托盘下方，有一些大锯齿和桌面相连。爸爸坐在机器前面，像摇晃婴儿摇篮一样，用一只手晃动着托盘。同时，他用另一只手将羊毛织物塞进托盘和桌子的缝隙中。经锯齿梳理过的羊毛会从机器的另一端出来，轻柔蓬松，在落地之前还会在空气中飘浮片刻。我们把这叫作“梳羊毛”。在爸爸开始工作时，院子里便充斥着成千上万的白色“泡沫”。爸爸还拥有创造雪花的魔力！

在他的小工作间里，爸爸还会给我做凉鞋，鞋子的侧面有皮带和金属扣。由于爱动爱跳，我常常把皮带弄坏。爸爸知道后常常抗议："你又把凉鞋弄坏了！"我呢，低下头嘀咕道："我也不知道怎么弄坏的……"但斥责并不会持续很久。爸爸之后就会带我去工作间把鞋子修好。我看到墙上挂了各类工具：缝补床垫用的针线，各种粘鞋子用的胶，刷子，以及各种大小的螺丝刀和锤子。房间的角落里放着一个梳理机，工作台上还有个漂亮的台虎钳。"好了，走吧！"修好了之后，爸爸对我说。虽然跟卢梭爸爸只在这相处五分钟的时间，但我离开时总是心满意足。

也正是在这儿，在这个家、在这个工作间里编织的救命稻草，支撑着我度过人生中的风雨飘摇。

05 我对自己发誓

这次，*她*有点用力过猛了。我蹲在厨房的餐柜旁，右耳流血，什么都听不到了。我半睁开眼，*看看她*是不是还在，然而周围天旋地转，我头疼得很。这次比以往都严重。或许可以这么说。但事实上，我对此并不确定。一直以来，我已经对自己身上的青一块紫一块习以为常了，还时常忘记因饥饿而导致的胃痉挛和眩晕。此外，我很怕再染上新的“习惯”。耳朵有点出血，这确实很疼，但我只字不提。我忍住泪水。我得爬起来，但我马上就失去了平衡。一阵眩晕让我不得不倚靠在餐橱子旁。我听到橱子里的碗碟颤抖的声音，于是只好再坐下。

希望*她*什么都没听到，每次挨打，我就多了一份免疫。好吧，*她*已经走了。没有人来看我，这再好不过了。我太惨了，我觉得羞耻。之后，我的耳朵疼得要命。我有所不知的是，*她*刚刚把我的耳膜打穿了。我的右耳再也听不到了。这是第一个后遗症。我这次又做什么了？我甚至不知缘由。这又怎样，每天都会挨打。这也是随机事件，其实完全没有理由。

我十二岁了，而我的生活条件持续恶化。每天都是新的噩梦。晚上入睡时分，我只会问自己一个问题：明天起床时，*她*的情绪会是怎样的？如果为了叫我起床，第一下打在肩膀上："起来，到点了！"这意味着一天会较为平静地度过。如果是打在头上，我就有苦头吃了。

半睡半醒时，就是现在这种情况下，*她*会恶意爆棚。自从搬到了博比尼，因为家里地方太小，我一直跟弟弟罗伯特一起睡。因为怕挨打，我会睡在床的里面，这样*她*就够不着我的脸了。然而有一天，*她*认为我们长大了，决定不让我们睡一起了。问题是，没有别的地方了。

"我不管你，你睡地上！我反正不想再看见你们一起！"

当天晚上，我靠着弟弟的床边，睡在地上，盖着的旧被子是从布满灰尘的纸箱中拿出来的。可是地上又冷又硬，我根本睡不着。第二天晚上同样如此。第三天，我实在撑不住了。我得睡觉。于是我偷偷睡到罗伯特旁边。终于能觉得舒服一些了。问题是不能被*她*发现。第二天早上，*她*一定要看到我睡在地上。怎么办？我没有闹钟，只能保持时刻警惕：一听到声响，我就得马上下床。当然，我只能睁一只眼闭一只眼地睡觉，想象着万一*她*发现我在罗伯特的床上会是什么后果。好在第二天早晨，我如期躺在床脚下，假装睡觉。为了叫醒我，*她*会踢踢我的腿。

这个伎俩还是奏效的。可每晚都保持警觉，一有动静就马上从弟弟的床上爬下来，这样太累人了。我睡不好觉，缺觉累积起来，终于，在一个早上，我忘了提前醒来，这也是自然的事。可当我看到*她*进了卧室，已经太晚了。*她*拽着我的头发，把我扔到地上，暴打一顿。我没有反抗。每次挨打，我的大脑会在此期间短路。在我恢复知觉以后，*她*还在那里，俯身冲我倾泻*她*的愤怒。

“我告诉过你不想再看你出现在床上！你想耍花招吗？嗯，是吧？你还是想跟你妈一样当妓女啊？嗯？”

我没办法回答。但无论如何，还是不回答比较好。*她*就等着我开口，只要一开口，*她*就会继续打我。我蜷缩着躺在地上，膝盖抵着下巴，等着暴风雨退去。

“你给我等着！快起来去洗衣服！”

我远远想象不到等待着我的是什么。事实上，在那天的晚饭后，我洗好了碗，清理干净厨房，感觉到*她*走到了我的背后。

“喂，今晚你就睡在这。”*她*指着衣橱说道，而我正准备往里面挂拖把，“这样你就不会再跑到弟弟床上去了。”

*她*把我推进了衣橱里，然后把推拉柜门关上了。我于是被锁在了黑暗中，被锁在了这个用来放大衣、鞋子以及拖把的衣橱中。我浑身僵直。几乎不能转身，更不能躺下。我顺着内壁往下滑，最后坐在了拖把的旁边。我害怕。我已经很久没有这么害怕了。藏在床底下的怪物，从柜子里跑出来的鬼魂，这些早就从我的想象中消失了。多年以来只有*她*，这个女人是我所有童年阴影的化身。但在这个晚上，我又寻回了恐惧的感觉。虫子、强盗、大灰狼。我害怕。直到第二天早晨，我一夜都没有合眼。

我早就该料到的，这次被关进衣橱绝不仅仅是一个惩罚。事实上，这成了一个决定性措施：从此以后，这个衣橱就是我的卧室。更糟糕的是，跟以往一样，我顺从地把这个安排也变成了习惯。晚上，*她*推我进入衣橱，之后把柜门反锁，而我却一言不发。总是这种无所谓的态度，就像是*她*在睡觉前把狗放进狗窝里一样。而我呢，最终也开始习惯于待在*壁柜*中了。门一关，我就后背靠墙坐下，我的左边是拖把和桶，右边则是爸爸布满血和肉渣的鞋子。我还是更喜欢拖把，因为我和它很熟。在它身边度过了几夜之后，我开始把它作为我的娃娃。我把它放在膝盖上，给它编辫子。我对它说："嘿，今天晚上，我会让你漂漂亮亮的！"它似乎很喜欢这样。我感觉自己收养了它。渐渐地，这个拖把成了我的密友。晚上，我会给它梳小辫，跟它讲我一整天的悲惨经历。哎呀呀，我不能冒这个险，*她*要是看到我把*她*的拖把搞成娃娃的样子，一定又会借机痛打我一顿。所以，早晨我会把这些辫子拆开。"我把你的头发弄乱了，我也没办法，我知道这样挺丑的。不过今天晚上，我保证再把你变漂亮。"

要是想尿尿的话，我就会憋着。能憋多久憋多久。但有时候，我实在忍不住了，就会用边上的桶。这也让我感到恐惧。如果*她*发现我在*她*的桶里小便会怎么样呢？我觉得*她*会把我扔到窗子外面。在这种情况下，我会把拖把放在桶上，同时请求它不要出卖我："你跟我保证，一定要隐藏好啊！"我把渴望获得的爱、安全感和友善全都转移到了这根拖把上。这块脏布头让我进入了一个新世界，在这里我可以照顾别人。对于我来说，*她*让我触及了一个孩子所能体验的极限。而我却悄悄地用善来回应*她*的恶。我开始无意识地培养自己的抵御力。*她*越是虐待我，我就越想逃避。拖把并不是我倾诉的唯一对象。站在洗碗池前，刀子变成先生，而叉子就成了女士，小勺子就是它们的孩子。盘子成了舞道，我重现了梦想中的生活。虽然*她*想让我陷入泥沼，但我自得其乐，自己抚慰我作为孩子的灵魂。

相对于挨打而言，缺觉才是我现在最受不了的。清晨，*她*在五点钟就叫我起来，为了在上学前能把一切准备好：洗衣服、熨衣服、早餐、洗碗。晚上，我只有在收拾清理完毕后才能去睡觉。当父亲在零点、一点之间出去工作时，我甚至还没结束，这很常见。他在经过我旁边时嘟囔道："还没弄完？"没有，爸爸。我还没打扫完。否则我就去衣橱里了。然而，就算是我已经进衣橱了，爸爸，你也不过是会从我身边把鞋子拿走，仅此而已。你一言不发，看都不看我一眼，然后把柜门关上，似乎什么都没有发生。确实，我是不会跟你说这些的，爸爸，我很明白，无论如何，你也已经没有发言权了。你其实什么都看到了，但却什么也不说，从来如此。

缺觉很可怕，不光会引起眩晕，还会让肌肉酸痛，生活中的一切都笼上了灰色的面纱。我睡得很少。而且睡眠质量很差。每晚在衣橱中入睡成了我的日常斗争。首先，关节的疼痛导致我不得不每十分钟换一次姿势。其次，我总是害怕在黑暗中独处。为了安慰自己，我会说话，跟拖把、桶还有许多我虚构的人物交谈。我也跟自己说话，试着找到能使我平静下来的话语，轻轻地重复，直到自己昏昏沉沉为止。我闭上眼睛，蜷缩在旧大衣和布满泥污的鞋子中间，感受着重建周围世界的能力。我关掉声音，这样就再也听不到*她*的叫喊，我为自己做了一副铠甲，再也感受不到*她*的拳打脚踢，我让这间公寓消失，这样就再也不用做苦力，我推倒了所有屏障，为了让自己感受到自由。我耐心地拆毁白天经历的地狱。成功了之后，我微笑着凝视着这块洁白的画布，最终寻得了梦想之路，我口中不停地重复这个让人奇怪的句子：

“等我长大后，我会有很多孩子，我不会像家人对我那样对待他们，我要给他们所有我不曾得到的善待。”

06 卢梭妈妈的丝带蝴蝶结

卢梭妈妈不见了。我也再没有收到她的信。我一直等着她来把我从地狱中救出去。之后，随着年龄的增长，我开始责备她：“她在哪儿？她为什么抛弃我？什么样的妈妈能这样就让小女儿走掉，什么都不说？”在我小时候，她给了我很多爱。

至于这位被我称为“妈妈”的女士，有些东西会引发我对她的一连串回忆，例如木薯汤。每晚十九点左右，一闻到木薯汤的味道，我和我的哥哥姐姐们就知道马上要到晚饭时间了。她根本不必招呼我们。我们知道离上桌还有半小时的时间。木薯汤总让我入迷，这些浮在表面的小丸子就像是小眼睛，但它们又看不到我。我可以跟它们做鬼脸，也不怕引起它们的不满。可木薯汤也让我想起自己无缘由的离开，想起她对我的抛弃。那晚父亲来找我们时我们就在吃木薯汤。这就是为什么我如今一直排斥做木薯汤。

卢梭妈妈是个小个子女人，有点强壮也有些衰老。她的灰色长发总被梳成发髻，腰上总围着白色罩裙。她像军队的领袖似的感召领导着这个家。同在部队里一样，我们每天早上都会被她“抹一下”。是想说“擦一下”？可能吧。我们这些孩子当时说“抹一下”。站在厨房的水槽前，每人会被用手巾擦一下脸。从来只有一下，因为得抓紧时间让每人在上学前擦一下。之后，我们每个人都会有一大碗菊苣咖啡。我总是等待着妈妈拿出那个红色的包装，上面印着一位头戴布列塔尼头饰的漂亮小妇人，她还围着一个和妈妈一样的白色罩裙，我觉得好看极了。

抹完了脸，喝完菊苣咖啡之后，我们就跑回房间穿衣服。女孩们的脚上会穿上及膝的棕色羊毛袜。为了避免沾上墨汁，我们每个人也都要围着学生罩衫。这种灰色的罩衣从前面穿，在背后扣扣子，下腰处还有个打结的腰带。我记不太清罩衫里面穿什么了。女孩们肯定是穿连衣裙的。不是长裤！看看吧！那可是20世纪50年代！孩子的典型着装还差最后一笔：头发上要扎个很大的丝带蝴蝶结。啊，头发……妈妈认为把我们的头发梳理整齐是最重要的。为了达到这个目的，她下手可不轻。她会用梳子朝各个方向把头发上打结的地方梳开，然后在侧面画出一条完美的发线。最后用一个发夹和我们的丝质蝴蝶结把头发固定住。穿戴仔细后，我们再次回到大厅喝下一杯牛奶，吃一块黄油面包。出发之前，妈妈会最后检阅一下部队："你的手帕、书包都带好了？袜子提起来了？"好啦，向学校出发。在当时，尤其是在法国一些偏远的村庄，着装要求非常严格，没有任何妥协。以至于每天中午返回学校之前，妈妈会帮我们重新打理整齐：梳头，把袜子提起来，在口袋里再放上一块干净的手帕。我们必须穿戴得格外整洁。

妈妈教育我们很有一套。她能够读懂我们的情感波动，知道什么时候该对我们严格管教，什么时候该对我们温柔慈爱。她对此很有天赋。在得知要去爷爷奶奶家过假期时，我就开始哭泣，也不说话了。我通常精力旺盛，可这时却变得伤心难过。"好啦，别做鬼脸了！"她对我说。我便只是摇摇头来表达自己的不满。怎么解释自己不愿意去爷爷奶奶家的原因呢？我找不出词语。但我的痛苦靠眼泪以及生病表现出来。第二天醒来时，我身上注定会起许多小水泡，就像是在夜里给自己制造的保护层。

卢梭妈妈还是个自由执业护士，她此刻会在身边护理我。为了治疗皮肤上这些可恶的疹子，她会用一根针把每个水泡刺穿，然后稍作处理以保护伤口。她对我关怀备至，但面对我的悲伤却又手足无措。有时，除了身上出小泡之外，我还会发烧、呕吐，妈妈则会日夜守护，宠爱呵护着我。我还记得有一次国庆日（7 月 14 日），我几乎无法站起身来。在村子的广场上，就在我们屋子的对面，有巡游庆祝活动，彩旗，灯笼还有旋转木马。然而我病得太重了，不能前往。妈妈便在窗前放上了两个相对的椅子，这样我就可以躺着看外面的表演了。妈妈这样照顾我，我觉得幸福极了。那时，和妈妈独处时，我忘记了一切烦恼。

07

玛丽-弗朗丝，我的小妹妹

“等我长大后，我会有很多孩子，我不会像家人对我那样对待他们，我要给他们所有我不曾得到的善待。”

这句话一直同我如影随形。我把它写在了学校的作业本上。在消磨时间时，我会哼唱出来。在*她*打我时，我也会默念。在入睡过程中我也会背诵。这既是对我受伤身体的神奇安抚，也是躲避*她*暴行的神秘岛，是黑暗衣橱中的一束生命之光，还是抵御宿命污流的不沉之舟。不，我不要像你一样。我不会像爸爸和你一样。在我的内心深处，我知道有另一种养育孩子的方式，另一种做母亲的方式。我不间断地尝试着，每天如此。想要向自己证明这一点。我不知道完美的妈妈应当是怎样的，但我要创造出完美的妈妈。

首先对于我的小弟弟罗伯特，我全心全意地爱护他。这个可怜的孩子已经七岁了，还会偷偷跑来找我帮他系鞋带。没人有时间教他。如果被*她*发现了，弟弟一定会被一阵好打。但他可以信任我，他知道：我会保护他。我甚至会帮他做作业。因为我弟弟在学校成绩不太好。拿回来成绩单时，他知道*她*会冲上来揍他。这不可避免。但这却让我不好受。长大一些之后，弟弟开始耍花招避免挨打。但并不总是奏效。不久前，他冒险模仿*她*的签名，觉得这样就不用给*她*看本子上惨不忍睹的成绩了。但被*她*发现了。当我看到*她*手的投影落在弟弟身上时，我会跳起来挡在他们之间。巴掌于是落到了我的右肩上。这一造反的举动马上给我带来一顿暴打。但我不以为然，我很高兴这一巴掌没落到弟弟脸上。

我在秘密的想象中制造了这种完美的母性。尤其试验在了小妹妹玛丽－弗朗丝身上。玛丽－弗朗丝在他们结婚后的几个月后出生。我至今还记得那奇特的一天。那是 1962 年 5 月 20 日。上午快结束时，我父亲带着我们三个：莫瑞斯特、罗伯特和我，去卢克索尔，那是巴贝斯地铁站对面的电影院。他领着我们进了放映厅，屏幕上正在放让·迦本主演的《悲惨世界》。

“你们乖乖地待着这里，等我回来。”

他头也不回地跑出去了。我们等待着。我们带着一个三岁的小孩儿，他又想让我们去哪儿呢？我们三个坐在红色丝绒扶手椅上。我还没来过电影院。我很快发现这里很温暖。我看到的第一幅画面是一匹拉着小推车的马，推车里填满了稻草，而芳汀则坐着稻草堆的顶部。我还是第一次见到这种场面。彻底被迷住了。我一点都不想走。我们看了一遍电影，然后是第二遍。最后，在第三场中间，我父亲摸着黑来放映厅里找我们。我那时九岁，刚刚领略了第七艺术，而她则刚刚经历了分娩。

回家之后，当我看到摇篮里的小妹妹，她小麦般的金发，并不比牛奶瓶大多少的身材。我马上像着了魔似的，感觉到无尽的爱意油然而生。一种强大的连接把我和这个小女孩联合在一起了，把我从周遭拯救出来，我已经感受到了这股力量。

在小妹妹出生后的后一个月，我们坐火车去了意大利。她的国籍其实是意大利。玛丽－弗朗丝的吊篮占了两个位子，所以我就没地方坐了，只能在旅途期间席地而睡。但我对此感到骄傲。为了给小妹妹让地方，即使是让我睡在地上我也感到幸福。这次意大利之旅的目的是把小妹妹给岳父岳母看看。女婿也趁机露个面。我们来到了那不勒斯南部的一个山村——圣格雷戈里奥。父亲像王子一样受到款待。原因则是他刚刚娶了一位未婚妈妈。是的，在当时我还不知道，罗伯特不是我父亲的儿子。在意大利期间，我们庆祝玛丽－弗朗丝的洗礼。我为此穿上了一件漂亮的白色连衣裙。这是离开卢梭妈妈之后的三年来获得的第一件礼物。这也一定是最后一件礼物。我一整个假期都在外面的树林里玩儿。没人关注我。我得时不时地靠自己弄点吃的，比如一块面包。但我并不觉得这是要紧事。唯一重要的是我的小妹妹要是洗礼仪式上最漂亮、最幸福的。

回到巴黎之后，我再次面对洗衣盆、家务和清洁的苦役。之后，很快*她*就会让我照顾小妹妹。*她*远远想象不到让我做这些我是如何地开心。我先从清洗尿布干起。那时候棉质尿布还没被一次性纸尿裤替代。所以每天都要手洗。之后，我还要把小妹妹裹到襁褓里，哄她、喂她。早晚都要喂奶瓶，在周末就是一整天都要喂。晚饭过后，洗碗收拾完之后，我还要学着哄妹妹睡觉，这样*她*就听不到哭声可以入睡了。我在她耳边低语，也发现了自己的另一种音色："我的小妹妹像水一样，流动的水……"她做噩梦时，也是我起床安慰她。在她生病时，是我带她去看医生。只要听听她的哭声我就能知道她哪里不舒服。如此无微不至地照顾小妹妹，我最终培养了这种母亲与孩子之间的特别联系。但表现得像母亲一样并不仅仅关乎于爱，经验也是很重要的。

一天晚上，我被她的哭声叫醒。这哭叫声要把我们的耳膜都震破了。我起身哄她，但一点用都没有。她不停地哭，我也开始害怕了。我把手放在她的额头上，发现妹妹发烧了，甚至是发烫。我也意识到靠自己的意愿无法解决这件事。妈妈并不是魔法师，我开始惊慌失措，决定去叫醒父母。

“去邻居家叫医生。”*她*对我说，根本都没离开床。

我真是蠢，我本该猜到这一点的。我们一直没有电话，一有紧急情况，总是由我负责去叫醒邻居。幸运的是，他们还算好相处。我敲打隔壁的房门。有人给我开门了。不需要解释，现在是凌晨一点，她知道我来是为了打电话给医生。我拨打那个烂熟于心的号码：Vil 4750。Vil 是 Villette 的缩写。倒霉的是零点以后，大夫就联系不上了。

“去他家找他！把他叫醒！”跟我说这些话时，*她*总是躲在暖暖的被窝里。

我于是在凌晨一点的博比尼小路上狂奔。但我甚至感觉不到危险，只是为小妹妹担心。最后，我说服医生从床上爬起来，到我们家里给妹妹听诊。过了一会，他让我父亲去街角的酒吧找冰块。这一夜，小妹妹玛丽－弗朗丝高烧超过了41度，要用冰块给她降温。我呢，我跑着穿过博比尼城去找医生，独自一人，像个大人一样。最终，我的小妹妹在这个晚上似乎成了我世界的中心。我也更像一个妈妈了。我既感到骄傲，又感到深深的慰藉。玛丽－弗朗丝对我微笑，让我欣喜。不管她怎么想，照顾小妹妹绝不是苦差事，而完全是一种发自本能的快乐。

玛丽－弗朗丝渐渐长成了一个有些苍白、脆弱的小女孩，还有点佝偻病的倾向。她确实吃得不多，我可怜的小女孩。但我还是全心全意地给她喂吃的。我给她做小甜食，还发明了一些让她吃东西的诀窍。“把盘子里的东西吃完，之后我就给你吃香草奶油。”一般来讲这样很奏效。如果看到妹妹吃不下了，我会快速地把她盘子里的东西吃光，不让*她*看到，然后把甜食给妹妹。这一定不能被*她*瞧见，不然她会打妹妹。这是我受不了的。

在一连串没完没了的苦役之中，我还要去六路街十字路口的市场。那里离我们家走路十五分钟。我每个周末都要去，工作日也要去一次，一般是周四早晨，因为不用上学。最糟糕的是在冬天，我没有大衣，鞋子也都是洞。如果下雪的话，回家后脚趾上一定满是冻疮。周天早晨，*她*一般会让我带着玛丽 - 弗朗丝一起去。“啊，她已经够吵的了！带她去散散步！”我于是表现出不情愿的样子以讨*她*高兴。我可不能让这个疯女人知道我有多喜欢带着小妹妹出去逛逛。我会利用这段时间告诉妹妹我所遭遇的不幸。“她打我。”“我没洗好衣服。”“我不够听话。”“她又打我……”我什么都会跟她说，小妹妹成了我的知心人。我们也常常会去裁缝用品店逗留片刻，我会在那里给她买六英寸长的白色氨纶短袜。我熟知妹妹的尺码，但我总会假装让她试袜子，为了让卖家看到我把妹妹照顾得很好。

要是还剩一点钱，我还会给她买一条漂亮的丝带。回去之后，在我干活的间隙，我会去她的房间里，看她把漂亮的金色卷发梳成完美的发髻，再用发卡和丝带固定住，就像卢梭妈妈一样。我之后给她穿上连衣裙。一切完毕后，我会后退一步欣赏我的杰作。我总会花时间去六路街的缝纫用品店给妹妹挑选丝带。回家后，*她*总是嫌我来晚了，所以拳打脚踢也在所难免。但任何事情都不会毁坏这个幸福时刻：我给玛丽 – 弗朗丝买了丝带，回家挨个打，也没什么大不了。重要的是让我的小妹妹成为最漂亮的那个。

打扮、美食、玩笑，在不经意之间，我透过小妹妹，再次接触了所有这些小事，它们让生活如此甜蜜。所有的这些小事都能帮助我们变得更坚忍。是的，多亏了你，玛丽 – 弗朗丝，我开始学习忍耐的艺术。每次机会来临时我都会让自己忍耐。比如说周日早上，冰淇淋车在我们家后面的空地停下来之后，总会用钟乐演奏一段动画片的旋律来告知众人。几分钟之后，街区的所有小孩儿都会冲向车子，叫嚷声此起彼伏。我有时也会在周末早晨去买冰淇淋。*她*则会在饭中或饭后打发我去买冰淇淋，要求总是一样的：四个冰淇淋球，两个香草的，两个草莓的。可是我们的餐桌上有五个人，少了一个冰淇淋球，这很容易猜出来，肯定没有我的份。冰淇淋和其他东西一样，我无权享用。在回家的路上，我偷偷地用手指尖品尝冰淇淋。在上楼时，我会在楼梯间把冰淇淋被动过的那一面转到纸碗的底部，这样冰淇淋的底层融化了，就可以掩盖我这馋猫留下的痕迹。*她*会惩罚我，打我，侮辱我，嘲讽我。但我进入了耐受状态。我重新掌控了我的生活。*她*已经输了。

08 娃娃屋和自由

小学五年级时，好学生可以直接进入初一，而其他学生要通过“初级学业认证”考试才能被录取。对于更差的学生，他们会被送进“学业末一年级”的班上。最后还有“学业末二年级”，这也是差生们在十四岁离开学校之前的最后出路。五年级毕业后，我没参加考试直升初一，算是最好的学生之一。很长时间以来，这还是我第一次从成人世界中获得正面的讯息。在那个年纪，一个简单的认可足以让我忘记创伤。我于是心情轻松地回家，想迫不及待地向*她*展示这张成果证明。这一书面证据表明我并不是那么笨，在生活中我还是可以做成一些事情的。但*她*却并不了解我，认为我撒谎，是个骗子。“无论如何，”*她*对我说，“我再也不会为你花一分钱！”*她*断然拒绝我升入六年级，强迫我去“学业末一年级”。

开学后，我就不再学习数学、历史和自然科学了，而是学缝纫、编织、烹饪。国民教育的目的隐约可见：把这里的每个年轻女孩儿都变成模范家庭主妇。至于我呢，我当然也在这一领域有所进步，这倒也不让人讨厌。虽然规划被改变让我有些挫败，但我也开始在培养自己小主妇天赋的过程中找到了一些乐趣。

这年，学业末一年级的课程中还有制作娃娃屋。我会用到锤子、剪钳、螺丝刀和胶水。我又看到自己面前陈列着卢梭爸爸工作室里的那些工具。但这次我有权利独自使用它们了。我终于可以精确地再现小时候看爸爸做的事。我的老师纳瓦罗夫人同意我在没课或放假的时候也可以来学校。这就让我能从洗衣、刷碗、擦地、挨打的苦力中解放出个把小时。

还有一个小女孩跟我一起，她叫玛蒂娜·伏鲁斯。她的家庭状况也跟我一样？我从来不清楚。但有一件事是确定的，没课时，我们俩显然更喜欢待在教室里而不是家里。在其他人去海边或者乡下时，我们俩继续娃娃屋的宏伟工程。

纳瓦罗夫人很快明白了，给娃娃建房子可以让我逃离那个不幸的家。胳膊腿上的青紫，一点声响就心惊胆战，估计只有瞎子才看不出我的境遇。很多次，老师都试图问我这些瘀血是怎么回事，而我则总是编故事：在楼梯上绊倒了，和我的小弟弟打架了，从自行车上摔下来了。于是，纳瓦罗夫人会经常去绘画用品店拿一些彩纸的订购目录给我们。和玛蒂娜一道，我们做出选择。之后，纳瓦罗夫人会回到店里买来我们需要的。她知道这会让我们开心，她也知道我们最好待在学校里，越久越好。

我们做的娃娃屋很大，全是用木头制成的。我们还在里面用泡沫板做了一个楼梯。“女孩们，小心点，”纳瓦罗夫人提醒道，“这个材料很贵呢！”我们用萨金特－马爵尔钢笔尖划出每个台阶，用火柴杆搭起阳台。我们给每个房间都贴上了挂毯、踢脚板上也涂了漆，甚至还通了电，我们的房子里有壁灯、吊灯。这里是玛蒂娜和我渴望居住的地方。

由于我们被视作是差生中的一员，就要被传授两三项技能，以至于不会在现代社会中一无是处。纳瓦罗夫人也会时不时地利用娃娃屋给我们上数学课。“既然盒子里有五十根火柴，你们建阳台需要多少盒火柴？”我们于是复习了乘法表。

我在学校遇到的最大难题是着装的问题，参加手工课时必须穿罩衫。一年级学生要穿蓝罩衫，而二年级学生则要穿橙色的。但她不想再为我上学花一分钱。于是在整个学业末一年级，我都没有穿罩衣，所以也总是引起老师的不满。第二难，我得想个办法。于是有一天，趁父亲睡觉之际，我从他的裤子口袋里偷了一张五十法郎的纸币。五十法郎可不是一笔小数目。在*她*打发我去六路街的裁缝用品店给玛丽 - 弗朗丝买袜子时，我趁机给自己买了一件罩衣。罩衣不太漂亮，是橙色的，袖子上有绿色的花边。最糟糕的是纽扣在侧面。女孩穿的罩衣应该在背后扣扣子，而不是在侧面。但我不在乎穿一件男生的罩衣。重要的是我给自己弄到了一件罩衫，我成功了。回家的路上，为了不露馅，我把罩衫藏在了裙子里面。一想到终于可以穿着罩衣去学校了，我便欣喜异常，甚至都忘了把手里的零钱藏起来。走到了楼下，我发现*她*同往常一样，站在*她*卧室的窗口。那是*她*最喜欢的哨所，从那里可以观察到我的行踪。我感到一阵寒气沿着脊柱向上升。*她*有没有看到我把罩衫藏在了裙底？橙色的罩衫不会被忽略。*她*肯定看到我了……转瞬间，我的视线模糊了，耳朵也还是嗡嗡作响，手心出汗。我本能地松开了手指：把所有的零钱都丢在了路上。幸好，*她*什么都没发现。天知道如果发现我偷了爸爸的钱，*她*会怎么对付我。

第二天，我偷偷去上学，罩衫还是藏在裙底。也是头一次，在手工课后，我可以跟其他所有同学一样，骄傲地把罩衫挂在走廊的衣帽架上。成年人不会知道差别感会如何地让一个孩子感到受伤。好吧，说实话吧，就算穿着罩衣，我也不能觉得自己跟别人一样。原则上讲，每个周五，学生们都要把罩衣拿回家让妈妈洗干净。很显然，我自己的罩衣便一直被挂在学校的衣帽架上，常年如此。更糟的是，在此期间，戴高乐将军执政，政府决定，1953 年后出生的孩子需延长义务教育至十六岁。对于在学业末年级的孩子呢？他们得再上两年学。我的手工罩衣于是在学校的衣架上挂了三年。好在我还一直拥有和玛蒂娜一起建娃娃屋的场地。我们可以有更多的时间远离家庭，有时甚至在周末也如此。

我们也有缝纫课。开始时，我们会学一些基础。之后的一天，纳瓦罗夫人让我们带一些布头来创作我们的第一部分作品。布头？除了在上学路上找找看，我实在想不出来怎么能弄到。我最后偷了一块小妹妹玛丽 - 弗朗丝的蓝被单。由于一直是我负责洗床单，所以挪用一两个床单轻而易举。这个蓝床单被我做成了一个漂亮的厨房围裙，这是我的第一件作品。我对自己满意极了。后来，我又做了一件皇家蓝色的毛呢半裙。当然，我们有权利把我们的作品拿回家。但自从被拒绝升入初一，我就知道我不会得到肯定。如果我把裙子拿回家，*她*一定会骂我是小偷。我最后在楼房的楼梯下面找到了一个藏匿处，那是个垃圾间。我先是把我漂亮的裙子放了进去。之后我还做了个菱格衬衣，也藏到了这里。

1969 年 4 月 27 日，星期天。我一早就去集市买东西。我在肉铺停下来买了两块牛排。还买了一根长棍面包。途中我还去看了看不在咖啡店的父亲是不是正和伙计们喝酒。之后，我就跑回家准备做饭。“啊，你还真回来了！”*她*见我回来，说道。在衣橱的旁边，我的衣橱旁边，有个行李箱。“太好了，有客人来。”我想，“有客人来的时候，她就能让我清净一些了，也不能随时打我了。”同往常一样，我亲吻了一下罗伯特和玛丽－弗朗丝，然后到灶台旁开始给弟弟妹妹们做吃的。之后洗碗，收拾。

突然，我的思维停止了：“为什么*她*不在我背后监督我？出什么事了。”我可以同所有人一样，喊*她*的名字，但很多年以来我就已经不跟*她*讲话了。我放下盘子，越来越觉得有什么事不对头。我于是走到客厅。*她*正坐在红黑相间的人造革沙发上。我直愣愣地站在房间中央等待着。*她*一言不发，起身去餐厨的抽屉里翻找着什么。“她这是要干吗？”*她*转过身来，穿过房间迎面走来，经过我旁边时推了一下我的肩膀，然后拿起行李箱，转回我这边。我不知道*她*想干什么，我也不知道*她*在准备什么，我机械地缩了缩脖子。“喂，你可以滚了，你十六岁了，我领不到你那份补助了。”*她*对我说，右手拿着行李箱，左手是五十法郎、两张地铁票和一张身份证，我的身份证。

我怔在了那里，头晕目眩。几秒钟后，我的大脑重启了，我朝玛丽－弗朗丝的卧室奔去，想要拿点东西。“随便什么东西，但我得拿一样，作为小妹妹的纪念。什么都行。毛绒玩具猫。行，一只毛绒小猫，这挺好的。”还没来得及把小猫装进行李箱，*她*就抓住了我的肩膀，用手心推我的后背，把我推向门口，就像是每晚把我推进衣橱里一样。被推搡着走了几步之后，我发现自己已经在楼道里了，房门在我身后砰的一声被关上了。我乘电梯下楼。走出大楼之前我去垃圾间拿回了我的蓝裙子和格子衬衣。好了，我这会儿在街上了。可惜的是不能和玛蒂娜一起把娃娃屋建好了。我的双腿机械地朝前走着，走向我唯一认识的公交车站，就在火车站路上我们曾经住过的公寓旁边。134 路公交车带我离开了博比尼市，我不知道它会带我去哪。

我把车票递给了检票员，仅此而已。公交车上有个红黑广告牌：“Dubo… Dubon… Dubonnet！”我被这个广告深深地吸引住了。我那是还不知道杜本内（Dubonnet）开胃酒，它其实在 20 世纪 60 年代风靡一时，但这个广告语一直在我的头脑中打转。“Dubo… Dubon… Dubonnet… Dubo… Dubon… Dubonnet… Dubo…”

我坐在车尾，终于打起了精神，开始做预案。现在是下午三点，我正坐在一辆载我去巴黎的公交车上。去哪？我一无所知。我想起来看看她给了我什么：一张五十法郎的钞票，几件旧衣服，我的身份证。突然，灵光一现！我把手放到连衣裙底下，找到了一张藏了几个月的存折。我赢得了博比尼市政府组织的绘画比赛。比赛的主题是“畅想 2000 年”，这让我想到了未来主义的高楼大厦。这幅画让我获得了比赛的第一名：一个存折卡，里面有五十法郎。当然了，跟以往一样，我瞒住了这件事。所以说，我口袋里不只有五十法郎，而是一百法郎。这在我看来可是一大笔财产。坐在这辆终点不明的公交车上，我也在时隔多年后又一次呼吸到了自由的气息。我自由了。

当时，有人对我说：“你有个新妈妈了。”没过多久：“你有个小弟弟了。”再后来“一个小妹妹”。而1969年4月27日星期日，有人刚对我说：“滚吧。”但生活还是要继续。

不经意间，我看了看手头被折成两半的硬纸片，上面有一张我的旧照片，里面就是我的身份证。我还是第一次看自己的身份证。“第一个新鲜事：我于1953年4月27日出生于巴黎20区。”我十六岁了，这才知道自己的生日。这没什么奇怪，我从来都没有庆祝过生日。“第二个新鲜事：我叫弗朗丝·皮埃尔－迪·居道尔吉。而不是弗朗丝特·皮埃尔。”在家里、学校、小酒馆，人们都叫我弗朗丝特，蝈蝈，吵闹鬼。“弗朗丝·皮埃尔－迪·居道尔吉。”我从前竟然从没有怀疑过自己的存在，我感到又重新认识了不一样的自己。

“巴黎维耶特门站。终点站。所有人下车。”我到了巴黎，却一点都不知道自己具体在哪儿。天气好极了。春天温暖了人行道，梧桐的嫩芽在阳光下闪闪发光。重生的感觉真好。可是我渴了，于是便坐在咖啡馆的露天座位上喝薄荷汽水，觉得自己富有而又自由。我独自一人，像个大人一样。小口小口地喝着杯中饮料的同时，所有细微的想法穿过我的思维，毫无逻辑，但纷繁到足以支撑着我保持清醒，之后它们便悄无声息地消失了。什么事都不做的感觉很奇怪。我挺好的。脚边有行李箱，手里有身份证。我甚至都不问自己在哪里过夜。我是不是完全头脑不清，不负责任了？我是不是把所有的常识都丢了？再或者，是不是我只是因为尝到了自由的滋味而高兴过头了？从外表上看我是个小孩？还已经像是个大人了？我都好几年没有照镜子看过自己了。好在我有漂亮的蓝色半裙和格子衬衣。

喝完了饮料，我继续上路，在巴黎的街头闲逛着，就这样误打误撞地开始了我人生的第二阶段。走了两小时，饥饿使我开始看面包店的橱窗。我走到了巴黎 17 区木瓦那路 17 号。我的思绪继续飘荡，眼睛却在寻找食物。虽然饥肠辘辘，但最终引起我注意的不是花花绿绿的糕点店而是一则告示：“寻女售货员，包食宿。”我走了进去。一位和蔼的小个子女士，她胖胖的面颊透着粉色，系着一个白色围裙，她用大大的微笑迎接了我。

“夫人您好，我刚才看到了告示……”

“您感兴趣吗？”她对我说。

“是的……”

“您几岁了？”

“十六岁，马上就十七了……”

“那什么时候能来？”

“我可以今天开始……”

“得到周二以后了，因为我的售货员还在。明天关门。”

“啊……今天不行？”

这位面包店主猜出了我的失望，继续问：

“您为什么想今天开始？”

“我从诺曼底来。本来该有人来车站接我的，结果没人来。我不知道去哪了。”

仅仅靠这个小讯息，好运气便统统跑到了我这边。

“薇薇安，来一下。”

一个和老板娘一样爱笑的女孩从店铺的里间出来了。

“好的，夫人。”

“今晚这个小女孩跟你一起在楼上睡你介意吗？”

“不，一点都不介意。”

面包店女主人又转向了我。“去柜台后面吧。在那儿坐着等薇薇安。”我感觉很好，面包和甜酥糕点的香气让我安心，交谈和笑容也一样。我同时注意到周围的灰尘数量惊人——我可是做家务的人。我第二天才意识到这其实不是灰尘，而是面粉。此时此刻，我没什么疑问了。剧情的发展超出了我的预想，但一切都让我感到安心。

傍晚时分，薇薇安拿下了围裙，让我跟她走。在上楼之前，女主人给了我们一袋酥皮面包。因为没有电梯，我们爬了七层楼，来到顶层。这是一栋漂亮的奥斯曼建筑，楼梯打了蜡，很漂亮。顶层是女佣的房间，当然就不怎么考究了，有些暗。在走廊的尽头，薇薇安为我打开了门。这间小卧室可爱极了。斜顶的下面是一张床，一个餐桌，一把椅子和一个衣柜。角落里有个搪瓷桶。地面铺了灰色的亚麻毡。门旁边的墙上，有个小窗户，朝向锌制的漏水槽。“这些墙很奇怪，都不直。”进门时我心想。

我们吃着酥皮面包：一个羊角面包，一个巧克力面包还有一块蛋糕。我已经很久没有连续吃三种糕点了。我有没有过这样吃过？可能没有。夜幕降临了，我们上床，在小床上紧挨着睡。这个我才认识几小时的女孩愿意让我睡在她身边，这对于我这个多年来睡在地上、衣橱里的人来说简直像做梦一样。我一整夜都控制着自己的呼吸怕把她吵醒。第二天一早，薇薇安收拾了行李离开了。在出门之前，她对我露出了很大的微笑：

“加油，好好干。”在这二十四小时内，我看到的笑脸比过去的十年以来还要多。“谢谢。”我有些不好意思，结巴地回答。好了，我坐在自己的床上，什么也不做。我看着时间流逝，有一整天等着我，不会再有命令、苦工。我想不到更好的安排，有点恍惚了。整整一小时之后，我拿起了薇薇安留给我的小钥匙，决定出去转一圈。

离面包店两排房子远的地方就是巴蒂尼奥勒广场。我坐在长椅上，目光还是有些茫然。我只不过不知道自己发生了什么。但我觉得很惬意，唯一的恐惧就是有人前来收回我刚刚体验到的、这从天而降的幸福。我于是小心谨慎，想让自己的幸福尽可能不引人注目。我待在那里不动，不想被别人发现。我那时还不知道，很多年后，对于失去一切的恐惧仍会让我麻痹地不能动弹。傍晚时分，在长凳上打着盹度过了这样一个漫漫春日之后，我便回到了自己的房间，我那个墙壁歪斜的小房间。我刚刚度过了一个周天，什么事都没有做，真好。

09 成为大人

周一早晨，上班第一天，我穿上了格子衬衣和蓝色半裙。楼下的面包店还关着门，但热面包的香气已经蔓延到大楼的各个角落。早晨六点钟，我已经站在楼梯下面等候着了，双手乖巧地交叉在背后，就像看爸爸给我修凉鞋时一样。老板娘走进了店里，两胯轻巧地摇摆着，她身后跟着一个年轻人，手里拿着一个装满了面包的篮子。老板娘总是笑容满面，开始跟我讲解怎么把面包放到收款台后面的筐篓里。我仔细地听着，也认识了不同的产品：长棍面包、乡村面包、短棍面包。短棍面包比巴黎面包要小，但比长棍面包更大。讲完了这些细节之后，老板娘告诉我一天剩下要完成的任务：把烤箱里的面包摆放好。一想到做不好事情，我就会惊慌失措。但很显然，我做得还不错，一早上都没有被斥责。中午时分，老板娘把窗帘拉起来："好啦，到饭点了。"我发现自己跟大家一起：跟老板娘，她的丈夫，几分钟前刚把面包从烤箱中拿出来的年轻人。我竟然跟他们在一张桌子旁吃饭！我拘束极了，甚至不敢伸出盘子让别人帮我盛汤。

几周之后，老板娘在忙其他事时甚至会让我负责管钱。她只不过让我在她的位子上待个几分钟。但我讨厌这么做，生怕被人指控偷了钱。我一次、两次、三次地数钱。由于我会清点、核对很多遍，反而会搞错。几分钟内，顾客已经在店里排起了队。真煎熬。有时，傍晚清点时，收款箱里的钱会有所偏差，这在所难免。但老板娘把这叫作“收款误差”。算错账，无意间找错了钱，或者是其他原因。我又感到寒气顺着脊梁往上爬，视线模糊，手心出汗。我等待着吼叫、耳光。*她*还在那，*她*的拳头、*她*的辱骂全都刻进了我的骨子里，摆脱不掉。然而，这永远永远只会是个“收款误差”。我那粉色面颊的可爱老板娘从来不会批评我。

一天傍晚，她给了我一个白色小信封，上面用蓝色墨水写着我的姓名。“拿着，弗朗丝，祝晚上过得愉快。”回了房间，坐在床上，我有点兴奋。我打开了小信封，根本不知道里面装着什么。这也是我平生第一次打开信封，上面还写着我的名字。我在信封里找到了二百五十法郎。这是我的第一份工资。我根本没预料到。我很难把这笔钱视作是自己应得的，不觉得这应该是我的工作所得。就算我可爱的面包店老板娘什么都不给我，我也绝不会想着去要。我在这里的工作可比在博比尼少多了，我还可以在柔软的床上舒服地入睡，吃得也好。我怎么敢想象除此之外还能收到钱？

对于这两百五十法郎——两张一百，一张五十的纸币，我根本不知道该怎么处理。我的第一个反应就是把它们藏到内裤里。几天之后，就像当时的年轻女孩一样，我开始想给自己买长筒袜了，脚上的短袜实在太让我难为情了。1969 年，巴黎已经没有女人穿短袜了。所以，我买的第一样东西就是一双长筒袜。可问题是我不知道怎么穿。回到小房间之后，我试着把袜子套上，拽到了大腿中间，我觉得自己蠢极了。怎么才能让袜子不滑下去？我还不知道有吊袜带这种东西，于是不知所措，就像是小弟弟罗伯特看到他散落的鞋带一样。几分钟之后，这双长筒袜就被我团成一团，扔进了柜子里，就在玛丽 - 弗朗丝的玩具小猫旁边。

我还买了个天竺葵装饰水槽。但这次买东西又让我感到恐惧了。一想到老板娘看到我花钱买盆栽，我就恐慌得要命。我没把这笔钱看成是完全属于自己的。我和这些钱的关系就像是一个小女孩和她的圣诞玩具。我小心翼翼，就像是老板娘有权把薪水收回，就像是她可以决定惩罚我一样，类似于“你如果不听话，我就把你的娃娃收走”。如果看到我怀里抱着买来的这么一个没用的植物，她会怎么想啊？我依旧陷在原生家庭的泥沼中。所以，为了不被发现，我把天竺葵放进了一个不透光的黑袋子里。

我闻到了幸福那醉人的气息。大家待我很好，我能养活自己，还有自己的时间。不过，休息的时间，我并不太知道该做什么。每逢周日，我都会去巴蒂尼奥勒广场的长凳上坐着，做梦，看人来人往、树木摇曳、孩子玩耍。我什么都不用做。任何事都不用做。即使在工作日，我也能在中午休息时去公园。我很喜欢自己的小长椅。在那儿时我感觉很好。但时不时地，我的身体就会提醒我不能老让别人看到自己什么都不做。我会不由自主地把目光移向肩膀后面。万一有人在呢。

“您穿文胸吗？”一天，老板娘问我。多奇怪的问题。我穿不穿文胸对她有什么影响呢？我洗过文胸，这是肯定的，但我没穿过，从来没有。我在破房子里长大，那里的大人从来不跟孩子交谈。不过说实话，我也不是个特例。在那个年代，大部分法国家庭里父母和孩子的交流就局限在几方面。1968 年，儿童教育家弗朗索瓦兹·多尔多让这个状况有了改观，但要走的路还很长。我所在的法国那时的家长还没有区分教育和驯养的不同。“呃，好吧，你或许得去买几件了。”她有点不快地坚持道。我的胸就那么惹人烦吗？还是卖面包时显得不灵活？会妨碍顾客？妨碍那个把面包从烤箱里拿出来的男孩？还是她的丈夫？不懂。我服从了安排，回到买长筒袜的那家店里。由于我不知道自己的尺码，女店员用软尺量了我的胸围，之后帮我试穿。十六岁时，我穿上了自己的第一件文胸。

我慢慢意识到自己几乎想买什么就能买什么，于是在花钱时，我的冷汗也出得少了。有时，傍晚下班后，我会跑去给自己买一个美味的火腿黄油三明治，这是我特别喜欢的食物。我一个人坐在公园的长凳上享用，每吃一口都感到愉悦，觉得自己的肚子在被慢慢填满，简简单单，没有负罪感。我还给自己买了第一批衣服。一条芥末色的百褶裙和白色的衬衣。自己的那件格菱衬衣确实漂亮，但我意识到它已经不符合 1960 年末的潮流了。我十六岁了，开始学着成为一个女人。

每晚店铺关门之后，我都会拿着老板娘给我的一袋酥皮面包上楼，还有她丈夫每天早上买来的报纸。在这里我们要了解世界的运转，因为要能跟顾客们聊得来。我的成长中没有报纸、书籍，只有个付费电视，但却基本没钱支付。1968 年五月风暴，大罢工，披头士，超短裙，碧姬・芭铎……我竟然错过了那么多东西，我对生活并不了解，一无所知。我感觉自己强烈地渴望了解周围发生的事情，我需要让自己和这个沸腾的世界建立联结。我第一次通过阅读报刊实现了这一点。《法兰西晚报》是我常看的。我因此了解到，1969 年 4 月 27 日，她把我扫地出门的那一天，另一个人被赶下了台，那就是戴高乐将军。这天，法国人民在参议院改革和地区改革的全民公投中投了否定票。戴高乐将军在第二天就辞去了他共和国总统的职务。在等待同年 6 月选举产生共和国第 19 任总统之前，参议院议长阿兰・波埃尔履行代理职务。之后是乔治・蓬皮杜上任。当然，这些距离我很遥远。我花了很多时间才把碎片整合，一点一点地打开自己。

实话实说，我读《法兰西晚报》是为了了解时事新闻，但我关注的还有中间那三页有小广告的内容。我经常在上面看到招聘女清洁工的信息。或许有些奇怪，但在那个时候，这是我梦想的工作。女清洁工，这是我能做得更好的职业，我的眼界局限于此。于是，在面包店工作了差不多一个半月之后，我像“大人”一样做出了第一个决定。招聘广告写得很清楚：“寻家庭女雇员，食宿全包”。要的是“女”雇员，我于是很有希望，便决定从巴蒂尼奥勒广场的电话亭打电话过去。

“我在《法兰西晚报》上看到了您的告示。我很感兴趣。”

“您工作了吗？”

“是的，我在面包店工作，下班比较晚。”

“那就二十点来见我吧。”

“一言为定，一会儿见。”

挂电话时，我对交谈对象的镇定感到惊讶。我觉得自己做出了人生中最大的决定，我的决定。第一次，我对自己感到有些自豪了。我十六岁了，成了一个“大人”。

女士在电话中告诉了我地址，我来到了瓦格拉姆路，站在人行道上，一动不动，仰视着这幢宏伟的奥斯曼建筑，足足待了五分钟。我面前是两扇巨大的酒红色大门，配着镀金的把手，比男人的手还大。为了这次面试，我把自己打扮得很漂亮，穿上了刚买的百褶裙和白衬衣，还用发卡把头发扎了起来。但不知为什么，我紧张地把手掌在腰间摩挲着。进入前厅之后，我踏上了石制楼梯，上面铺了红色地毯，每个台阶上还放了黄铜制成的小棍。我刚刚只不过是进了一栋有钱人家的房子，经典的巴黎建筑。但对我来说，这简直是凡尔赛宫，我还没见过此等奢华。

到了二楼， 我按下门铃。一位在这里工作的女士为我打开了门，让我在门口等一会儿。这里和博比尼的公寓一样大；公寓的正中间有一架三角钢琴。这还只是刚进门！接通我电话的女士从左边的门进去了，而我都没注意到这里还有个门。“您好，您是弗朗丝？您会做什么呢？”这位比我大至少二十岁的漂亮夫人征服了我，她竟然用“您”称呼我。我结巴地回答说：“我什么都会做，夫人，做饭，家务。我不想再在面包店工作了。”她先是盯着我的眼睛，微笑了一下，之后便开始解释家务工作。我在此期间也听到了一些巴黎资产阶级的用语。周四，会有一位先生来清理窗子、地毯和银器。“银器”，我还不知道这是什么，但我假装明白了。此外，还会有一位夫人每天来打扫。夫人需要我来准备午餐，晚餐，采购，并负责膳食室。我不懂什么叫“负责膳食室”。但就像刚才提到“银器”时一样，我什么都没有问，只是表示同意。“这些您都会做？”她问我。“是的夫人！”回答时，我的语气出奇地坚定，不过“膳食室”这个词已经在我的脑袋里转了三圈了，我想知道它的意思。

她请我跟随她参观公寓。走到半路，她打开了一扇对开门，后面就是厨房。“这里就是膳食室了。”她解释道。哎呀！我终于知道这是什么了。她关上了门，我们进入了边上的房间，这里会是我的卧室。我完全惊住了，目瞪口呆。这儿有个带帏盖的床，天花板上还装饰有脚线、镶板。柜子后面甚至藏着一个洗漱间，仅供我一个人使用。有人提供给我一个带独立浴室的房间。我简直不敢相信。走出房间时，她领我走向后门。后面还有个小楼梯，远没有我来时走的楼梯漂亮。“以后，您从这边走。”她对我说。半小时之内，我见识了“膳食室”“银器”“工作通道”。更特别的是，这里的人用“您”称呼我，就像是对大人讲话一样。就像我还是小女孩时，称呼奶奶工作的奶酪厂的负责人格兰多热女士那样。在同我们道别之前，她打开了柜子，向我展示“制服”。我还从来没见过那么漂亮的衣服。这是一些绿粉相间的格子连衣裙，灯笼袖，还有白围裙。我刚刚进入了一个从前只在电视上见过的世界。这里甚至比电视上演得有过之而无不及。

周日晚上，我离开了面包店，什么都没说。我带着自己的行李箱、玩具猫、从来没穿过的长筒袜、天竺葵。我把钥匙放进了信箱里，步行去了瓦格拉姆路。为什么这样不辞而别？我不知道别的方式，也没有辞职的概念，但更多的还是因为害怕，害怕被骂、被打、被关起来。在我看来，令别人失望就是以上所有的同义词，还是偷偷溜掉比较好。

来到了酒红色奥斯曼式门廊前，我驻足片刻，盯着路另一边的一座形态非凡的建筑，那是凯旋门。我的目光回到了楼房的大门，还有它的黄铜把手。这时，我体味到了一点自由的感觉，这也是我做出决定所引发的积极后果。我打了个电话找工作，今晚就能睡在这样一张带有华盖的大床上。当然，我没想到这个大胆的行为甚至救了我一命。这次，我特别注意从工作通道进去。夫人接待了我，让我把东西放回到卧室里。几分钟后，我在膳食室同女管家共进晚餐。我觉得好极了，对自己也感到骄傲。真幸福。晚餐之后，我回到自己的卧室洗澡。这还是我第一次洗淋浴。在博比尼时，我们虽然有个浴缸，却总要用盥洗池、盆，还有毛巾。这些穷困生活的标记。当天晚上的淋浴让我迷醉。水流轻轻地落在我的后背上，就像是魔法一样。现代化确实带来了好处。但就是这么一个简单的设施都让我觉得可疑。在感到欣喜的同时，我也因为它所带来的放松而感到罪恶。我肯定不敢在淋浴下面待太久。一切的幸福时光都一样，定会有使用期限，随之而来的就会是痛打或类似的事。我走出浴室，用管家给我的白色浴巾擦拭身体。我终于可以睡在大羽绒子被下面了。在我的记忆中，这一夜就像是一场天堂之旅。我像是很多年没睡觉似的睡着了，像婴儿一样。

第二天，女管家在快七点时叫醒了我。要不是她，我肯定会睡到中午。早餐时，她给我倒了咖啡。我还没喝过咖啡，但我并没有表现出来。天啊，太苦了！过了一会，经历了几个小时的友善对待和恢复体力的睡眠之后，我开始了膳食工作。女主人过来看我，好像我已经在她家工作了很多年一样，她对我说："中午，我在这里吃饭。您为我准备一份绿豆角沙拉。""好的夫人。"我回答，又一次因为被人对我用"您"称呼而感到惊讶。为了准备饭菜，我还要和女管家一同去岱纳市场。我还是第一次见到非露天市场。我见过的市场，其实更像是商贩的集会，他们一清早就要把货架铺在路旁，摆上所有的货品，晚上收摊，日复一日。但在岱纳市场，商人们则安顿在室内，免受风吹雨淋。"这样一定更舒服。"我想。

中午，女主人回来吃饭，我面带笑容热情地为她服务。“哦，不，弗朗丝！我们从左边上餐，从右边撤餐……”她对我说，语气依旧亲切，自从我们相遇时，她便这样对我说话。我很尴尬，非常羞愧。我衷心地祈祷这个错误不会给我带来麻烦。吃了几口沙拉之后，她又叫我过去。“烹饪方法挺特别……但真的很好吃！”她对我说。有人刚刚称赞了我。没有斥责我就会很满足了。我的脸马上红到了耳根。回到厨房后，我手舞足蹈地对女管家讲述了刚才发生的事，“她跟我说很好吃！她说虽然有点奇怪，但味道很好！”“很好！继续保持！”管家对我说。刚刚有人表扬了我，我还受到了鼓励。下午，女主人来厨房看我，依旧笑容满面：“结束了之后您就可以去休息了。”休息？我不敢相信自己的耳朵。我在这里是工作的，竟然有人让我去休息。新生活真的比我之前的经历好太多了。

之后的日子，我需要为她和她的丈夫准备午餐和晚餐。我学着了解他们。夫人是一位棕褐色头发的漂亮女士，很苗条，衣着也总是很考究，穿着高跟鞋和紧身半裙。每次进餐时，她吃第一口总是很慢，会闭上双眼，像是在仔细分析我做的菜里都有哪些味道。先生的个子矮一些，他有棕黑色的头发，留着小胡子，总是穿西装，就连在餐桌上也是如此。他吃饭时总是随心所欲，不受拘束，他拿着一杯红葡萄酒，同时会用医学术语讲一些逸闻趣事，而我却一个词都听不懂。这两位都是妇科医生，我在大楼的房门上看到了牌子。通常情况下，他们会称赞我做的菜。我负责膳食室里的工作，需要整理，清洁冰箱及厨房的所有器皿、用具。借这个机会，我发现家里还可以有冰柜，这样食物就可以储存好几个月。之后的一天，我正准备削土豆。我同往常一样，拿起刀子，格外仔细地尽可能把皮削薄。这时，女管家打断了我："不用那么麻烦，弗朗丝。把土豆放到机器里。"放到机器里？什么机器？我一脸惊讶地看着她向我演示这个神奇的削土豆机。"首先，把土豆冲洗干净。之后，把它们放进内槽里，在蓄水槽里放上水。最后，按一下按钮。"机器开始运转了，隆隆作响，就像被施了魔法一般，光洁的椭圆形土豆从机器里出来了，就像是鸡蛋似的。然而我的目光还是移回到了刀子上，这个机器确实很神奇，但高效吗？不一定。我用刀子削皮会快得多，而且机器用完之后还要一个零件一个零件地清理。不过，我小心谨慎，没有抱怨，尽可能少地发表意见。我早就对削土豆习以为常了，不会皱一下眉头。二战后辉煌三十年的科技旋风还让我认识了另一个神奇的机器，也是更有用的：洗碗机。

自动洗碗装置对于1960年的家庭主妇来说简直是一场革命。我对此惊叹不已。

我最后要做的是去市场，一个人去，“像个大人一样”，女管家向我补充说明。这是我在博比尼时就做过好几年的事，我没觉得会有什么新意。然而，这部分工作却给我带来了最大的惊喜。第一天去市场之前，女主人给我指了指膳食室里架子上的钱包，那是个黑色的皮质钱包，上面还有一根小腕带。“采购的钱在这里，用完了您跟我说。”一时间，我简直不敢相信。竟然有这样一个装满钱的钱包可以供我买菜用，也不要我交账单。这简直难以置信，以至于我的第一个想法就是找找这里面有没有陷阱。我一秒钟都不敢相信有人信任我。我听了太多说我是小偷、骗子的话，以至于自己总是小心谨慎。出发时，我把钱包拿在手里，好几次用眼睛的余光向肩膀后偷瞄，确定没人会偷袭我。走在路上时，因为特别害怕把钱包弄丢，我把它藏在围裙下面，还把腕带紧紧地缠在手上。回程时，我的口袋里装满了小票，以防万一。之后，我总是如此地小心谨慎，仔细地把所有小票放在床头柜里保管好，以备不测。但从来没有人问我，我开始懂得了大人们所说的信任。

这里真是天堂。我有个属于自己的单人房间，还有单独的浴室。所有人对我说话时都很亲切，还很信任我。我还体验了现代社会的所有新奇的装置，甚至可以用洗衣机。这简直跟科幻小说似的。我真想一辈子都待在瓦格拉姆路的这间公寓里。唉，可惜我还不知道，我能享受的好日子也是有限的。

10 床上的早餐

我睁开了眼睛，白日的光线使我眩晕。几秒钟之后，我看到了一张帅气的面孔，那是一个棕红色头发的小伙子，蓝绿色的眼睛，胡须修剪的很整齐。“呀，醒了吗？”他笑着对我说。我把头转向另一边，发现不只有他一个人。在我的周围，有一些穿白大褂的男女盯着我看。他们也一样微笑着。我躺在床上，脑袋陷在白色的枕头中。我想用小臂支撑自己起身，但肌肉并没什么反应，我又睡着了。

我第二天才彻底清醒，得知自己正躺在巴黎郊区克利希的博容医院，在第七层。一位护士过来，递给我一只温度计让我测体温。她问我想不想小便，然后递给我一个奇怪的盆子。我再次尝试起身，没有成功。护士扶我起来，教我把容器放在双腿下面。我看到她的胸牌上写着：莎伏安艾克。这个名字真奇怪。几分钟后，我看到她推着一个小车来了。“热巧克力还是咖啡？”她问我。我不饿，不过还是要了杯热巧克力。她在我的膝盖上放了一个托盘，里面有一大碗冒着热气的巧克力，还有一块面包。然而，十五分钟后，我什么都没动。“啊，什么都没吃！”她把手放在腰上，带着亲切的微笑对我说。“来吧，至少吃一小块面包。”我看到她站在小推车前面，用餐刀在面包片上涂了黄油。她转向我，把面包在我的巧克力碗里沾了沾，直接送到我嘴边，另一只手则扶着我的头。她喂我吃东西，就像是照顾一只太早从巢里掉下来的雏鸟。

我又看了看四周，我在一间很大的大厅中央。我的左边，一位小奶奶躺在床上，呼吸困难。她的后面是一个过道，那里还有其他床、其他病人。我把头转向右边：有另一个同样的走道，也有床和病人。“这间大厅里至少有五十张床。”我想。与此同时，我发现房间里嘈杂声一片。自从醒过来，我就被这片喧闹声打败了，我的大脑开始分辨不同的噪音：小推车的车轮嘎吱作响，病人的呻吟，不锈钢器皿的撞击，护士将玻璃输液瓶放在搪瓷床头柜上，医生们的交谈。我一一辨别出了四种或五种声音，突然，这些声响又全部痛苦地掺杂在我的脑袋里。

在病床上醒过来的感觉很奇怪，也不舒服。当事人不知道自己为什么在这里，想要在身边找寻亲人，或者是安抚的声音。很多人都会感到害怕。而我呢，除了噪音之外，这一幕终归还是给我带来了一丝意外的温情。

我在这个大厅里待了好几天。早晨，莎伏安艾克给我拿来早餐，还会拿来一盆清水，这样我就可以在床上洗漱，不用起身。之后，她和一个女同事为我铺床，我还是不用下来。我感叹她们动作的灵巧。一个帮我翻身侧躺到床的一边，另一个则把床单一直卷到我的背部，之后，她把干净的床单铺在空位，然后帮我侧躺在半边干净的床单上。她们把另一边的脏床单撤下，剩下要做的就只有把干净床单拉平整了。我喜欢这些干净的床单，它们散发着洗衣粉的香气。由于多年以来被迫睡在不干净的壁柜里，我如今对所有与睡眠相关的小细节都很在意。在医院里除了有干净的床单，我还有两个白色的大枕头。是的，两个！

为什么不能离开床？我对此一无所知。老实说，我甚至都没有问过。有人照顾我、呵护我，就像我从来没被别人照料过一样。这是最要紧的，我高兴极了。日子一天一天过去，我都没有在意。每个早晨，医生们都会探访病人。我那棕红色头发的医生——我在心底叫他“亲爱的医生”——拿起挂在每个床尾的记事本，和同事们一起在上面用难懂的术语写下记录。很快，我意识到他们在我这里花的时间比其他病人长。时间真的很长。他们讨论，比较，辩驳，观察，停下来，继续。自从我醒过来，他们就没办法让我退烧。几天以来，我的体温一直维持在 40 度以上。这看起来让他们很是担忧。慢慢地，通过听他们交谈，我开始抓住一些经常被提到的词。他们总会说“化脓性脑膜炎”。我完全不懂这意味着什么，但通过他们提到这些词时的手势与动作，我觉得问题的症结在这里。所以，每当听到“化脓性脑膜炎”，我就会集中注意地听后面的评论，从而破译更多的信息。我床边的这些成年人看上去全都忧心忡忡。

身体上来看，我的头疼得厉害，高烧让我处于长时间的嗜睡状态。我瘦弱的小臂每天都要被扎好几针。每三个小时就要被抽血或是输液。很明显，我病得很重。但我真的幸福极了！每天晚上，护士们都温柔地与我交谈，问我是不是好一些了，需要什么，我一整天都有人照顾。我什么都不怕了，觉得自己落入了一只温暖的茧中，把迄今为止这个世界对待我的种种恶意都挡在了外面。几天之后，我看到一个男人推着一个带轮子的桌子朝我这边走来。我很多年后才知道这个奇怪的装备叫作

“担架床”。他和另一个同事一言不发，掀起了我的被子，抓住床单的四角，把我转移到了他们的推车上。穿过走廊，拐了很多弯之后，他们打开了一个空房间的门。房间的中央有个铁床，还有个白色的搪瓷床头柜。他们同样娴熟地把我从担架转移到了床上。我环顾四周，发现周围的墙是黄色的，到处开裂。我这时听到了莎伏安艾克的声音，还有她的东欧口音。“小女孩来了吗？”她问担架员。她进了我的房间，胳膊下面夹着干净的床单。她重新铺好了我的床，对我笑道：“看着吧，你在这里会很好的。”我很喜欢她的亲切态度，但我一点都不确定她说的是否是真的。想到要一个人待在这个屋子里，我就不太高兴。在大厅里，噪音折磨着我的大脑，但我至少不觉得冷清。于是，在她离开之前，我鼓起勇气问道：“请您别把门关上可以吗？”“当然可以！”她回答我，依然笑容满面。从这天起，我的门就总是开着的。如果看到门要被关上了，莎伏安艾克就会用手抵着把它打开。这位女士就是我的守护天使，她从天而降就是为了治愈我，照顾我，甚至让我能够面对未来。

住进这个新房间的第一晚，熄灯后，我看到棕色的小虫子从地板里出来，往墙上爬。我望着它们，同时在想天花板上有什么吸引它们。为了打发时间，我在脑海里想象着一场赛跑，打赌它们中的一个会先到达天花板。在 20 世纪 60 年代末，医院的病房里还没有屏幕，我就靠身边有的东西自娱自乐，比如这些蟑螂。

一天清早，我有了第一批访客。是妇科医生夫妇，我为他们工作了几星期。“您好啊，怎么样了？”她问我。我挺好的。好吧，可能并不是“挺好”，但无论如何，我在医院里过得很开心。

“您还记得什么吗？”

“不，一点印象都没有了……”

在回答时，我意识到，自从来了医院，还没有问为什么来。同往常一样，我又进入了人生的另一个阶段，但并没有对发生在自己身上的遭遇感到惊奇。

“早上，您来看我，说头疼。我就给了您一个药片，之后您就继续工作了。”

“我不记得了……”

“那天晚上，我们有客人，您和管家一起做饭。”

“啊……”

我突然感受到了巨大的挫败感：我错过了第一次接待工作。他们对我做的菜还满意吗？他们会不会觉得我的连衣裙很漂亮？我永远不会知道了。太可惜了。

“晚餐期间，”她继续说，“您在准备上菜。我按了两次铃，您都没有回应。我于是去了膳食室，看看发生了什么。您盘腿坐在地上，在洗碗机前，还把碗盘都放了进去。”

“我没打碎什么吧？”我问，突然担心自己别做了蠢事。

“没有，没有，您不要担心……您很认真地把盘子放进了滚筒里，您做得很好。”

我想象着那幅画面，根本不相信，觉得她讲的是另一个人。

“我们让您躺在床上，我的丈夫测了您的体温，高烧41度。我们马上叫了救护车，所以您就到博荣医院这儿来了。”

先生和夫人还带来了我的行李箱和我的所有物品。我很高兴，里面还有我的小猫，那是我和妹妹玛丽－弗朗丝仅存的联结。不过，我的天竺葵不见了踪迹。当然，我没向他们表露出来。几分钟后，我看到他们离开了，他们祝愿我“迅速康复”。这一天，我意识到自己再也看不到那间漂亮的卧室和带有帏盖的床了。我有点难过。

一天下午，我看到一个矮个子的棕发女士进来，西瓜头发型，胳膊下面夹着一个本子。她的身后，是我的父亲。我马上闻到了中央市场、下水和风干了的血的味道。他又脏又臭，每日如此。他低垂着头，眼神躲闪，局促不安。我认出了他的表情，在那个疯女人对他喊叫时，他也习惯于露出这种尴尬的表情。陪同他的女士是社会工作助理。“我先走了。”她对我父亲说。那天我们的短暂交谈没有在我的记忆中留下半点痕迹。我的脑海中只有一个念头在打转：“让他走，让他走，让他走……”事实上，真正让我惊恐的念头是：不得不离开医院。更可怕的是：必须回到他们家，回到*她*家。最后，我父亲像来时一样离开了，他低垂着头，眼睛盯着鞋子。真是松了一口气！

第二天，莎伏安艾克来看我。“有人过来看你了！”她愉快地对我说。但我并没有回答。“啊……你爸爸来看你了，不是吗？”她接着强调。我又一次感觉到害怕，他们要把我送回博比尼。我试着保持平静，但眼神一定暴露了我的不安。我没意识到自己什么都没说，只是摇了摇头。莎伏安艾克注视了我几秒钟，微笑着换了话题，就像什么也没有发生过一样：“你想吃什么，小姑娘？”我总是回答不出来。我被卡住了。第二天一早，她笑着走进了我的房间，笑容比以往更灿烂。“嗨，看看我给你找到什么了……”莎伏安艾克对我说，手里拿着一个小的半导体收音机。这是给我的礼物。我不知道说什么，但我又找回了笑容。莎伏安艾克也笑着离开了。

她向我展示如何使用收音机。在最上面，有个按钮负责开关。还有个大的旋钮用来搜索广播电台。我听音乐，经典音乐，例如：让·费拉，乔治·布拉桑，雅克·布雷尔，查尔斯·德内，伊迪丝·琵雅芙，提诺·罗希，芭芭拉，等等。对于当时的流行歌手，如：强尼·哈立戴，茜尔维·瓦尔坦，或者克劳德·佛朗索瓦，我就没那么喜爱了。但我什么都听，乐此不疲。

莎伏安艾克的礼物标志着我人生中最甜蜜时刻的开端。从这天起，我的周围便只有亲切与善意：几乎每一天，莎伏安艾克都会给我带来一件小礼物。她先是送给我一件白色的绒布睡衣，上面有小玫瑰花，还有漂亮的彼得·潘领。她还会经常来我房间给我一些杂志和书籍。我的第一本枕边书是《胡萝卜须》。有时，我会出去做透视或检查，回来后就发现枕头下有个礼物。每天早晨，所有病人们都会有一大块面包，但莎伏安艾克总会给我找到一块羊角面包。她是不是知道我生活中没什么亲人？一定是这样的。

在床上待了几星期之后，我开始听到医生们提到一个我不懂的新词："半身不遂"。我感觉自己的左半边身子动不了了，我料想得到这个奇怪的词和瘫痪有关。"她不能走路了。"他们在我的床尾秘密交谈着。但我不相信。"胡说八道，"我想，"不能走路？这不可能。他们说的可能不是我。"对于我来说，生活还在继续，我不明白会有什么阻止我前进。最坏的必然已被我抛在身后。终于，我能够下床了，可开始时我是待在轮椅上的。每天或者几乎每一天，莎伏安艾克都会带我去公园或走廊里转一转，看看医院的其他服务。"你过来，我们去散步。"而我对此从来没有异议。

后来，有一天从走廊回来时，我决定起身。我一个人在轮椅上，莎伏安艾克应该正和另一个病人交谈。我开始用右手支撑，但并不容易。高烧和乏力使我头晕目眩。我毕竟昏迷了十天才醒过来，高烧一直不退。我还接受了好几项治疗。先是阑尾炎，然后是一颗智齿，还有个我不知道的什么病：乳突炎，耳道发炎。我的身体处处受罪，而医生也不得其解。尤其是关于我的右耳。怎么跟他们解释这是拜*她*所赐，*她*的抚爱下手重了些，因为我做家务、熨烫或烹饪不合*她*的意？他们最后能猜出原因吗？我永远也不会知道。

随着时间的推移，莎伏安艾克成了我的妈妈。我人生中第一次成了某个人宠爱的孩子。她什么都为我做。作为回报，我尽自己所能向她证明所有的这些我都注意到了。有时候，护士们会来我这里喝下午茶。在十六点左右，她们会为我带来茶、咖啡、热巧克力和一些小饼干。她们坐在我身边，开始聊个不停。我仔细地听着她们的对话，吃着东西。我也得知了其他所有病人的消息。莎伏安艾克甚至还让我参与到医院的工作中。一天晚上，她进了我的房间，表情有些担忧，问我能不能“帮她准备材料”。她从小推车里拿出一大包纱布，向我演示。用一块纱布，要做四块敷料。之后，我们把布仔细地叠了起来，边缘向里折叠，这样就不会散开了。我们之后把它们装进圆筒中，这是一种圆形的铁盒子，用来给医用材料杀菌。她一个人当然也能做得很好，她焦虑的模样只是为了让我进入她的剧本。她的目的也只是赋予我责任，让我分心，或者是让我成长。她也让我学会如何擦干耐热玻璃针管。在当时，还没有一次性材料。清洁、擦干器械都要用纱布。之后，还要放进消毒器中。有时，我太疲惫了，以至于不能帮忙。她就会找借口离开。“啊，我其实有些事情要做。你别担心，我们晚些时候再做纱布。”莎伏安艾克很聪明，她不让病人看到自己生病的样子。相反，她像是魔镜一样让我更漂亮，让我觉得自己是个健康的女孩，让我感觉良好，让我觉得自己符合这一形象，让我最后成为这样的人。

我在博荣医院待了六个月，离开这里时，我感觉自己抛弃了家人，抛弃了家庭，有点像我当初离开卢梭妈妈时一样。我确实在这家医院里重塑了自己的生活。我阅读、听广播，和莎伏安艾克一同工作，身边的大人都成了我的朋友。

这一天，莎伏安艾克进了我的房间，表情比平时更严肃。这一次，她不是演戏了。我马上感觉到了。她进来就关上了门，坐在我的床上。“明天，你要去一家疗养院休养了。”她对我说，“在波尔多附近的赛斯塔，你回头看，那里会有很多年轻人，你能做很多事情。”看吧，我的生活路线又一次被打乱了。此外，我还要和莎伏安艾克分别。

出发的前一夜，我看到她把最后一件黄包裹放在我的床头。“看，这会让你喜欢的。”在跑回走廊之前，她对我说。奇怪的是，我不敢打开包裹，现在还不敢看，因为有太多情绪了。一整天，我都强忍着泪水。但夜幕降临之后，一个人躺在床上，枕着枕头，我开始痛哭，我从来没有这样大哭过，呜咽深沉而悠长。无力的泪水不断地往下流。最后，我终于决定打开莎伏安艾克的包裹，我看到了一双酒红色的皮靴，内里还有黑色的皮毛，黑色的鞋带。“就像是大人们穿的靴子。”我对自己说。莎伏安艾克把最好的礼物留在了最后一天，我哭得更厉害了。第二天，关上行李箱时，我想把收音机还给她，但被她拒绝了。就连收音机都是给我的！离开时，她温柔地拥抱了我，就像拥抱一个小女孩一样。

她可爱的眼睛依然带着笑意，但这次比以往更湿润了。或许，她在想我会变成什么样。我却不这么想。我看到的只有离别，没有终点。

经历了救护车、火车、的士的长途旅行之后，我在深夜才到达赛斯塔的疗养院。这里的房间都是双人房。在我的床边，一个和我同龄的女孩睡得很沉。我小心翼翼地把衣物整理在衣橱中，以免吵醒我的新室友，我微笑着发现自己第一次不再对衣着而感到难堪了。从绒布睡衣到这双皮靴，六个月的时间里，莎伏安艾克在我的行李箱中装满了时髦的衣服。

今天也一样，对莎伏安艾克的回忆，想到她抚摸着我的脸，对我说“我的小女孩”，这也让我立刻想到我生命中最重要的那个词：妈妈。谢谢你，莎伏安艾克。

11 突然出现的生母

我在康复所待了一年，但在当时，这并不代表着休息。每天黎明时分，护士们便在走廊里大喊，为了把我们叫醒去洗漱，然后去食堂吃早餐。之后，我们去见医生，进行功能锻炼。在医生那儿也一样，他们一直大喊大叫，为了鼓励病人。我就像是身处圣迹区[①]似的，这里有事故受害者，截肢者，没有治愈或没被治好的病人，严重烧伤者，小老人，风湿病人，瘸子。哀叹声此起彼伏。博荣医院里不间断的嘈杂声不见了，取而代之的是这里充满哀号声的氛围。我远不是病得最重的那个。说实话，这里甚至给了我希望，我对自己说：跟其他所有人相比，我还有很大的希望能够重新走路。不幸的是，这种环境让我完全成了无名氏。这里有太多我这样的人了，没有家的可怜孩子。我再也不会是谁的宠儿。我不再是那个在博

① 旧时巴黎有“圣迹区”，这些区域乞丐集中，装成各种残疾外出乞讨，回区后即恢复正常，仿佛突然因“圣迹”而治愈一般，因此得名。

荣医院里受到保护的小女孩。然而，随着时间的推移，时间越长，我的健康状况也越来越好了。

几个月后，我可以站起来了。我把轮椅换成了拐杖。没时间扭捏作态了，要好起来。终于，一年以后，我赌赢了：我的左腿又可以动了。然而，我不知道的是，一个新的残疾开始在我身上发展，它要跟我开一些很恶毒的玩笑。而这种病在当时还没有在医学界被定义：癫痫。我有时会在房间里恢复意识，但对发生的事完全没有记忆。我根本察觉不到自己晕倒了。我之后会在晕倒的地方醒过来，而唯一的迹象便是额头上的一个肿块或是腰间的瘀青。如果倒在了餐厅或走廊里，护士们会送我去医院。医院的医生认为这是抑郁导致的。但我一点都不觉得自己抑郁。我没有在博荣医院时那么快乐了，我很思念莎伏安艾克。但这里的伙食很好，护士医生也和善，我穿得也不错，再加上所有要做的训练，我真没时间烦恼。我甚至下定决心要让所有人看到我可以走路。事实上，我的血管里没有一丝的抑郁分子。但在医生们看来，这有可能是我没有意识到，他们将此称为“否认”。

在赛斯塔待了一年后，我走出去了。但我还是个孩子，离二十一岁很远，离成年很远[①]。我于是来到了巴黎郊区蒙鲁日的社会健康指导机构的接待中心。由于是在午饭时间到的这里，一位女教员领我去了食堂。她让女孩儿们让给我一个位子，但却没人动。过了一会，一个女孩大声叹着气，在长凳上给我留出了几厘米的空间。我刚坐下来几秒钟，一只多莱斯玻璃杯就从头顶几厘米处飞了过去，我头皮发颤。“贱货！我要打烂你的嘴！”我几秒钟之后才明白这些话和这只杯子并不是为我准备的，而是针对坐在后面桌子的一个女孩。此时此刻，我的脑海里只闪过一个念头：“好了，又开始了……”我看到自己又回到了博比尼的地狱里，侮辱谩骂，拳打脚踢，随时随刻被扔到面前的碗盘。“好了，美好生活结束，是时候回到你的世界了。”我顺从地想。

我不明白所有的这些暴力从哪来。很久以来，我都在寻找一个解释，但我总是不明白为什么这些都落在我头上。是不是所有人的生活都是这样的？医院的蚕茧以外只有地狱？多莱斯玻璃杯摔碎在我身后的地面上，此刻，这幅画面让我在明白：事实上，除了个别例外，生活就是地狱。或许无论如何，世界

① 译者注法国 1792 年至 1974 年间规定二十一岁以上者为成年人，于 1974 年 7 月 5 日起才规定十八岁以上为成年人。——译者注

便是如此。

我在蒙鲁日的社会健康接待中心只待了二十四个小时，这也足够让我被洗劫一空。赛斯塔休养院的负责人普博朗小姐在我离开时送给我几个礼物。主要是中心制作的书籍和衣物。趁我去卫生间的时候，蒙鲁日这些扔杯子的人就把我行李箱里她们喜欢的东西拿走了。事实上，她们留下的只有书：《爱丽丝漫游仙境》《秘密七人组》《著名五人帮》。我于是没多少衣服了，但还可以阅读。社会工作助理第二天来对我说我被转入另一个中心，在蒙特勒伊的巴斯德路 72 号。唉！

为什么我又回到了社会健康指导机构？我一无所知，甚至也没有问。我是未成年人，被放在社会健康接待中心，就说明我没有法定监护人。事实上，我的父亲正式地、用行政手段抛弃了我。不承认我是他的女儿。我在很多年后才知道了这件事，也就是在写这本书时。那时，我只是又开启了人生的新阶段。同以往一样，我继续前行，不考虑明天会怎样。

蒙特勒伊的指导机构是个年轻女性工作者中心。接待我的女教员名叫弗朗索瓦兹。她先是给我看了我的房间，我还要和另一个女孩一起住。她之后给我解释了中心的规定。我有一周的时间调整情绪，熟悉地点。在这七天中，中心为我提供免费的食物。在这短暂的适应期到期前，我要找到工作。我得像中心的所有其他女孩儿们一样，学会对自己负责，早晨出门工作，晚上回来睡觉。我于是花了一周的时间在公共大厅里阅读或是听音乐——蒙鲁日的那些女孩还偷了我的小半导体收音机。

晚上，我结识了卢塞特和玛丽－凯蒂。在中心的点唱机上，我们听了《迈克尔回来了》。她们俩都跟我有点像，穿着也一样。其他的女孩们都走 mini maxi 路线——一条黑色迷你裙，外面穿着黑色大外套，一双黑色的及膝长靴。但我觉得这种潮流既粗俗又不精致。事实上，我十八岁了，但还不知道男女间的两性吸引，我天真得让人沮丧。

一周的适应期结束后，多亏了《法兰西晚报》，我进了一家睡袍制作工坊。在二区的桑提业路一号。我的任务就是把睡袍叠好放进纸箱中，每箱放十件。一个无趣而令人厌烦的工作。但我还是要好好工作。我用眼角偷瞄了旁边工作室中女裁缝，看她们如何裁剪制作睡袍所需的布料。她们的机器让我向往。我想在她们的位置上制作衣物，但我还太年轻了。我不得不转移目光，继续关注面前的纸箱。这太让人沮丧了。

一天，我又在医院醒来了，在“门口”部门，也称临时住院部。这里有点像一间前厅，病人们在进入急诊之前要在这里等候。为什么说是“门口”？这还来自于收容所时代，当时的修女在门口接待贫苦的人，然后决定是否收留他们。如今，我们把这一服务成为 UNCD——短期收容单位。当然了，“门口”服务不会有多豪华奢侈。我来到了一间没有窗户的房间，墙上有霉斑。事实上，我刚刚经历了癫痫发作。但问题是，在 1972 年，还没有医生认识这种病。“好吧，小女孩，发生了什么？”他们问我。我无法回答，因为我完全记不得了。我精疲力竭，就像刚跑完了一场马拉松。但我一点都不知道究竟发生了什么。

两天后，有人用担架抬着我去了精神病部，那是一间双人房。在我旁边，平躺着一位一动不动的小个子女士，她呼吸很沉，手脚都被绑了起来。她的眼睛望着天花板，眨都不眨。她只有颌骨在动，但没有声音，仿佛在咀嚼想象中的食物。我为什么到这来了？没人注意我。我躺在床上，等着有人对我说些什么。什么？我也不知道。“好了，我的小女孩，发生了什么？”还有人继续问我。“我已经跟您说了我什么都不记得了。”这是事实。然而，他们都觉得很蹊跷。几个小时之后，一位护士给我拿来了药。一只小的白色平底杯，还有三个药片和滴剂。

这些滴剂是硫利达嗪，这是一种药效很强的精神病药物，用于治疗精神分裂症。好了！关于癫痫的信息记载确实太少了。我于是成了“精神分裂”。吞了这些苦味的药剂之后，护士让我吐舌头。为什么她想让我吐舌头？从来没人让我这样做过。这是，我还没有意识到这些都意味着什么。我之前甚至没听过“精神分裂”这个词。我也一点不在意，因为我确实不觉得自己病了。但我看得出来有些事情不太对，但我自我感觉很好。情况变得完全无法控制了。

第二天，我发觉我所处的部门比之前住院的地方都要严格。中午：药片和午餐。下午：再吃药。晚上：再再吃药，晚餐，上床。剩下的时间，我都在睡觉。最好的状态也是半昏睡。一夜之间，我的身体变得异常沉重，难以动弹。我无法正常地自我表达，就像是颌骨被卡住了。之后的日子也一样。有时候，会有人带我去看精神病医生。问好后，我就让自己倒在扶手椅上，等着发生些什么。“好了，我的小女孩，告诉我，发生了什么？”他问我。唉，我总是不知道怎么回答这个问题。“您至少知道为什么在这儿吧？”不，我不知道为什么在这。我什么也答不上来，这似乎让这位精神病医生很郁闷。他等我开口。半小时的沉默之后，他把我送回了房间。当然，我也问自己为什么在这里。克利希的博容医院，纪龙德省的功能锻炼中心，我在这些地方待了差不多一年半的时间。而我却对自己说这只是我能回忆起的一小部分，药剂阻碍了我的思维。

终于，这奇怪的制度进行了几天之后，弗朗索瓦兹，那个我在蒙特勒伊见过的女教员来了。社会健康指导机构就是我的监护人，她过来把我带回中心。离开之前，护士给了她我要服用的药物清单：硫利达嗪和三种药片。自从来到精神病科，这些药物我每天都要服用三次。医嘱很明确：要继续治疗，每周看一次神经科医生。

与神经科医生的会面每次都在沉默中进行，三次预约之后我就不再去了。对于药片，我也很快明白该怎么办了。弗朗索瓦兹第一次给我药时，我在吃完后立即伸出了舌头，就像在医院里学的那样。“不用了，我相信你。”她对我说。此时此刻，我明白了这个鬼脸是为了让护士确定你已经吞下了药物。很显然，为了让大脑运转起来，我决定背叛弗朗索瓦兹的信任。我只要假装吞下这些可恶的药,然后把它们扔进垃圾箱里就行了。中心不止我一个人吃药。早晨，所有女孩都离开房间下楼，对于我们中的很多人来说，新的一天从在弗朗索瓦兹那儿领药开始。我们进了她的办公室，她把药递给我们，数了10，20，30，40，50滴的硫利达嗪，把它们滴进一只多莱斯玻璃杯中。之后，一旦她转过身去给别的女孩准备玻璃杯，我就把这五十滴硫利达嗪倒进她办公桌旁边的绿植中。至于药片，我会像仓鼠一样把它们藏在腮帮里，过一会儿回到自己的房间里再把它们吐出来。

弗朗索瓦兹当然没那么容易受骗。当我向她宣布想要结束和精神病医生的会面后，她甚至不想尝试着说服我。我有所好转，这显而易见。但可悲的是癫痫并没有消失。我又要发病了;我的额头上很快就会被贴上精神病医院的标签。这个标签让我经历了生命中最糟糕的时刻。

出院后不久，我就见到了来探望我的姐姐莫瑞斯特。我们去公共大厅聊了聊。我们已经失去联系很多年了。即使住在博比尼时，我也见不到她。她其实就在那儿，跟我同处于那间充满着不幸的公寓中。但我们俩的生活是分离的，从来见不到对方。她是怎么找到我的？社会工作人员或许跟我父亲取得了联系，告诉他我最近住院了。然后他又小心地把这个消息转达给了我的姐姐。初次重逢并没有在我的记忆中留下任何痕迹。我是不是还在治疗中？不能记住这些事？可能吧。没过多久，莫瑞斯特又来中心看我了，这次的表情比第一次更愉快。“你知道吗，我找到我们的妈妈了。”她毫无前兆地对我说，“如果你愿意，我们可以去看她。”她找到了我们的生母，那个带我来到这个世界上的人。这确实不是个寻常的消息！“你知道吗，她结婚了。”她继续说，“她有三个孩子，住的地方离福瑞盖尔街不远。”我无动于衷。奇怪的是姐姐刚说的话没有激起我任何特别的情绪或反应。或者我还受医院里服用的硫利达嗪影响。也可能不是因为这些。

第二天，前去见这位我还不认识的母亲时，我终于第一次感到疑虑重重。很多年来，我听说过我母亲是个妓女，又肥又丑。这都是她在博比尼说过的话。她每天都会对愿意听她说话的人重复这些，尤其是在我父亲面前。至于父亲，我从没见过他表现出不满。所以，对于与“母亲”重逢，我并不怎么迫不及待。但在所有的这些愁云之中，我又看到了一小点希望的光芒在闪烁。“如果我有兄弟姐妹，她可能会建议我离开社会中心跟他们一起住……多一个或少一个孩子，这会对她有什么影响……或许我终于可以拥有正常的家庭生活了……”没过多久，这一点点希望之光就变成了彩色大电影。

进入了丁香门站旁边的福瑞盖尔街的公寓里，愁云越聚越厚令人窒息。门开了，她向我们问好，先是对莫瑞斯特，之后是我。没有任何感情流露，没有眼泪，也没有欢笑。我从头到脚地打量了她。她留着棕褐色短发，生硬地打着卷。她身着一件黑色连衣裙，带蓝色条纹的白色罩衫。我没有可以寻找，却还是关注我们间的不同。我的眼睛是蓝色的，而她的眼睛是棕色。我的鼻子比较窄，而她的有点扁。我们的个头差不多高，但她比我胖一点。片刻之间，我的回忆相撞，似乎觉得自己又看到了另一个疯女人。之后，稍微后退了一小步，我意识到她既不胖也不丑，在我眼中，她就像是一个普通的家庭主妇。

在跟她的丈夫和孩子们问好之后，我们在餐桌旁坐下。她给我们一人一盘鸡肉配绿豆角。每个人都把头低在盘子里吃着。我们也一样埋头吃饭，但用眼角偷偷观察着周围。我试着不把目光长时间停留在一个人身上，但我迫切地想要在这些人身上找到相似之处。我觉得自己和小妹妹多米尼克有些相像，她比我小一岁半。我的头发颜色和她一样，都是偏橙红的金发，我们的脸上、胳膊上也都有棕红色的斑点。之后，我又发觉多米尼克很像她的父亲。我于是做出了愚蠢的推测：“如果我长得像多米尼克，多尼米克又那么像她爸爸，就说明我是这位父亲的女儿。”在我看来，这是一个很自然的推导：她总是对我说我的父亲并不真是我的父亲。

奇怪的是，除了这些相似点以外，这次的重逢，烧得有点老的鸡肉，这顿饭，所有这些在他们的眼中似乎没什么特别。氛围很节制，很有礼貌。然而，对于这三位青少年来说，如果突然知道自己有两个大姐姐，这肯定是个不小的冲击。有没有人对他们说过？如果说过的话，又是怎么给他们解释的？我无从知晓。剩下的还有我多年来对于身份的提问。她为什么抛弃了我？她有没有想要找我们？她有没有负罪感？我不敢把这些都放在台面上说。由于没有人提到这些，我离开时一无所获。这顿与生母及其家人共进的午餐留给我的唯一印象，就是鸡肉绿豆角的味道。

回到社会中心后，摆脱了那些镇静药物之后，我慢慢恢复了正常的群居生活。我远远地看着女孩儿们和她们的爱人。我呢？我离这些还很远。来自安的列斯的玛丽－凯蒂有个未婚夫，他常常到中心来。因为不能上楼进房间，所以他们就在楼下的公共大厅里待着。他们在一起时，我就会回房间看书或是做做缝纫。一方面是为了给他们留一些空间，另一方面也是因为我实在受不了有男孩在旁边。他们的一切都让我不舒服。声音、姿势、步态，就连他们男性化的背影都让我难受。我控制不了自己。

卢塞特也有个未婚夫——托马斯。他是勒伊消防队的消防员。他也会来中心看卢塞特。如果他偶尔周末抽不开身，卢塞特就会去消防队看他。但她从来不在外面过夜。她白天在那边，晚上就回来，在中心二十二点关门之前。我呢，我一直待在房间里。不知道还能做什么事。我还没去过博物馆、大商场。

一天晚上，卢塞特让我陪她去消防队。我不太想去，但没有借口拒绝。到了消防队时，消防员们正在做操。我们在来访厅坐下，托马斯和三位同事一起过来。他们露出了纯真的笑容，向我们问好并做了贴面礼。我不太清楚自己为什么在这里。卢塞特让我跟着她，仅此而已。剩下的时间对我来说简直就是受难。当卢塞特和她的恋人亲吻时，我转开头。有位消防员时不时地想要跟我交谈，我傻乎乎地盯着脚尖，用“是”或“否”来回答。这当然不是因为傲慢，而是因为不好意思。我显然成了电灯泡，这倒不要紧，要紧的是，我这辈子终于有了第一个女朋友。一个真正的女朋友。当我们有朋友时，我们就会简单地想让她开心。

周末，卢塞特向我提议跟她的消防员朋友们一起出去散步。我们有四个人：托马斯，卢塞特，安德烈和我。我们挤在安德烈的蓝色雪铁龙黛安 6 中，驶向埃松省的小村庄——小韦尔。我坐在前排，在安德烈旁边。托马斯和卢塞特在我们身后。我们聊天，大声说笑。我十八岁了，这是我第一次跟朋友们出去。两小时的车程之后，安德烈把车停在了村庄的入口处。小韦尔是个漂亮的村子，周围有池塘和树林。我们朝森林走去，这时安德烈握住了我的手。这还是第一次有男孩牵我的手。这也是第一次跟男性在一起时我不感到危险。肯定是他的消防员制服让我安心。走了几分钟之后，托马斯和卢塞特消失在了树林中。我独自和安德烈在一起，我发抖，牙齿打战。不，不是因为害怕。我只是觉得冷，我冻僵了。安德烈用胳膊搂住了我的肩膀，让我回到车里。当时正值深冬，这天是2月2日圣蜡节[①]。回程的路上，我们中途停下来在一家小餐馆吃了煎饼。

和安德烈之间发生了什么？我一点都记不得了。三个月后，我又去看医生了，因为晨吐。我这才知道参观了著名的圣女贝尔道1972年2月2日这天，在那辆蓝色雪铁龙黛安6中，他和我确实制造了一个孩子。

为什么我完全记不起人生中这样的一个重要时刻？我记得散步，回到中心。我记得刺痛双颊的寒风，卢塞特一连串的笑声，煎饼的味道，汽车的颜色。我记得我们踩在潮湿草地上时的脚步声，池塘边冷却了的烟灰气息。我还记得我并不怕安德烈，相反，我记得他对我很好，我记得我感觉很好。那又是为什么？为什么我抹去了关于在蓝色黛安6后座上亲热的记忆？我的大脑为什么不随我的意愿运转，这样的短路是为了让我忘记小时候爷爷对我做的事吗？这是我能想到的唯一解释。那时的我十八岁了，马上就十九了，还是未成年人。我对于这天的

① 法国圣蜡节是一个宗教及美食的双重节日，这一天的传统是吃鸡蛋煎饼。圣蜡节也标志着圣诞节传统的结束。人们在这一天将马槽搬走。根据宗教礼拜仪式，圣蜡节是圣母玛利亚行洁净礼，也是带初生耶稣到主堂瞻礼的节日。——译者注

最后记忆，就是离开时，在消防队门口，安德烈在我唇上留下的纯洁的吻，作为告别。

我们的关系只维持了几星期，但其间再也没有发生在小韦尔村发生的事。一天，我的帅消防员告诉我他要回家了，或者确切地说是回他的父母家。我并不知道他在巴黎只待几个月，为了服役。他要回到南部，继续在他父亲监管的消防队中工作。我之前对此一无所知，他没有告诉我关于他生活的任何细节。我也没问。我们之间没有任何承诺约定。在他离开时，我还不知道自己怀孕了。我也没尝试留下他。他既不是我的未婚夫，也不是我的初恋，只是卢塞特的一个朋友，我和他之间发生了点小意外。我很喜欢我们一起散步、谈笑，也喜欢他的陪伴，但仅此而已。我没有爱上他，他也一样。除了度过一段心理上的煎熬之外，我还觉得自己又丑又蠢。我不觉得自己有魅力吸引男性。此外，虽然天真，我却是一个独立自主的年轻女孩。我不需要任何人。

安德烈走后，我在 20 区的圣 - 法尔戈蛋糕厂找到了工作。我被分配到了装配线上。纸盒从我面前经过，我把饼干放进去。这有点像小孩的游戏，把立方体放进方孔中，把圆球放进圆孔中，把金字塔椎体放进三角形孔中。这同睡袍工作坊中的工作一样可恶、无聊。

四月，我开始感觉不好，每天早上都要呕吐。我很疲惫，感觉自己在膨胀。我还扣不上文胸了。一天早上，我决定去看弗朗索瓦兹，让她帮我和医生预约。几小时之后，我向医生解释了自己的症状。他让我脱衣服，我于是开始解上衣。“脱下面，你的小内裤。”他对我说。我开始觉得不舒服。他在我双腿间检查了一会儿，就让我穿上衣服了。他开始写病历，我不明白他为什么写了那么多。

“是怎么回事？”
“没什么，你怀孕了。”
“不……”

我心里在打趣，我甚至觉得这个秃头、带着小圆眼镜的社区医生有点儿蠢，他让我想到了《丁丁历险记》里的图纳思教授。

“是的，你怀孕了。”
“不……”

笑容开始在我的脸上浮现出来了。

“你有没有避孕？”

“没，我觉得没有。”

在当时，我还不知道什么是避孕。

“你吃药了没有？”

“没有……”

我犹豫了一下才回答，因为我已经很久不吃精神病医生开的药剂了。我不知道如果说出来他会不会告诉弗朗索瓦兹。

“你有没有发生关系？”

“有……”

我一直都不懂他到底什么意思。对于我来说，“关系”这个词指的是接近某人。我还不知道“性关系”这个词组。哦，我有很多关系！和朋友们，男朋友们，女朋友们，各种关系！

“那好吧，我跟你说你怀孕了！”

“不，这不可能……”

“为什么不可能？”

“呃，我没跟他说我想要孩子。”

他鼻孔呼着气，把刚写的东西递给了我。

“拿着，你把这个交给你的教员。”

他想必觉得我和中心里的其他来诊所的女孩一样，不在乎他说的话。

回到中心之后，弗朗索瓦兹看起来很担心，问我有什么消息。“医生跟你说什么了？你怎么了？”我笑着回答：“他说我怀孕了。”我看到弗朗索瓦兹的脸色变了。她于是跟我解释孩子是怎么来的。“不是跟男生说想要个孩子就能有孩子。”其间她还跟我解释了避孕药是什么，为什么会有用。她说的我都懂了，但我一点都记不得安德烈和我在 1972 年 2 月 2 日做了什么，我坚信他们所有人都弄错了。但我很快就会改变主意了。

12 来自莎伏安艾克的温暖

我在博荣医院住院输液。六个月时我就开始出现宫缩。根据医院的说法，打点滴是为了避免早产。那天晚上，我正在看电视上的《荧屏档案》，之后放了电影《贵族之家》。我还没看过，应该还不错。突然，我感觉屁股底下有些潮。我尴尬地喊来了护士，满脸通红，告诉她我尿床了，就像个三岁的小女孩似的。护士并不怎么可爱，她掀开了我的被子。溢在床上的液体当然不是尿液。“您没小便，是破水了！”她对我说。髓？我破髓了？她在说什么？我又一次完全不明白自己怎么了。我没有妈妈告诉我怀孕和分娩是怎么回事。她开始摸我的肚子。“差不多了！得走了！”十分钟以后，她跟一个医生回来了。

“她有几个月了？”

“快到八个月了……”

“啊，好，哎，我们走。你们可以给她准备一下了。”

给我准备什么？他们在说什么？我怀疑这些和我的生产有关。但事实上，我根本不知道我的孩子将怎样来到这个世界上。一个十九岁的可怜女孩对人生一无所知。我就是这样的。他们会不会打开我的肚子，就像做阑尾炎手术一样？这是我能想到的唯一办法。此外，这肯定会疼得要命，自从我在妇产科住院以来，我就听到了几十个女人痛苦的喊叫声。“她们之所以那么疼，可能是因为在开肚子之前没有被打麻醉……”两个月以来，每天我都因为宫缩而疼痛，但还没有什么能让我像每天在走廊里听到的那样号叫。此外，宫缩的疼痛与*她*打我时的疼痛相比，完全是可以忍受的。

我来医院两个月了，分娩前的几个小时，我依旧无知得可怜。好在我又见到了在七楼上班的莎伏安艾克。她每天都来看我。“我的小宝贝，她怎么样了？”她的东欧口音说起话来似乎总是很着急。但莎伏安艾克还是那样的亲切热情、精力充沛，跟我患脑膜炎时见到的一样光芒四射。她继续给我带来糖果、羊角面包。有时甚至是孩子的衣服。她坐在我身边，摸着我的肚子。“好吧……宝宝……你还要在你妈妈的肚子里待一会儿。”她对孩子说。一天，看到我还是一头雾水，跟第一次住院相比并没怎么成熟，她便送给我一本书：劳伦斯·裴诺德的《怀孕和育儿》。在阅读这本书的过程中我得知正常的妊娠期是九个月，但第八个月后生产也是有可能的。显然，我已经跳到了“破水”这一步了。书中的一句话深深刻在了我的记忆中：“在最后一个月，婴儿会变美。绒毛褪去，头发和指甲生长。”婴儿会变美，在后来我们相遇时，我把这个画面当成了隐喻。

“这孩子，有爸爸吗？”一天，莎伏安艾克问我，显然是担心我的经济状况。

“有呀。”我理所当然地回答。没爸爸就有孩子？这个想法太好笑了。

“他不来看你？”
“不。”

我在作答时甚至没意识到她在为我担心。我怎么能注意到呢？就连我自己也对自己正在做的事毫无概念。我继续我的生活，不做任何决定。有人会为我做决定。你去医院，你去社会中心，你回到医院。这些事情就这样自己发生了，一直以来都是如此。不过，无论如何，十九岁的我还是个未成年人。至于做决定，即使我想自作主张，也没人给我机会。“他回家了，到了南部。我给他写了一封信，告诉他我怀孕了，但他没有回复。”我把这些都对莎伏安艾克解释了，没有一丝悲伤，也没有怨恨。我平静地等待着孩子的降生。然而，故事并没我讲得那么简单。事实上，我本该在怀孕初就做出决定的，更容易的决定。

* * *

几个月前，就在知道我怀孕了之后，我写了一封信给安德烈。写这封信是为了让他知情，这只是出于诚实，而不是为了让他跟我一起换尿布，也不是让他在经济上支援我。我尤其不是让他回来。我甚至不在意这个消息是会让他高兴，还是会给他带来麻烦。我只想让他知情。我只有在面对问题时才能够意识到严重性。

周日早上，我去莫瑞斯特家见到了她，她又住回了福瑞盖尔街。我准备去圣日耳曼昂莱的森林散个步。系鞋带时，细绳在我指尖断开了。“去裁缝店再买一个吧。”姐姐对我说。我于是又去了这家好笑的店铺，父亲在这里买了个窗帘环结婚用。那位小个子的胖夫人还总是待在柜台后面。我买了一副鞋带就回去了。几分钟后到了家，我姐姐坐在椅子上，脸色严肃。“刚才有位夫人找你。她会再来的。”我把新鞋带穿进了球鞋中。我们面对面地坐下，等着这个神秘的人回来，一言不发。

听到敲门声，我们俩都惊跳了起来，默契极了。莫瑞斯特起身开门。

“她在吗？”

“在，她刚回来。”

“我能跟她谈谈吗？”

“好，您进来吧。”

“不，不，我们私下谈……”

我集中注意力听也没用，我不认得这个女人的声音。我得起身跟她出去，不让我姐姐听到。我于是站在了小时候每天都会走的路上，当时是为了去餐馆找爸爸。我面前的这位女士还没说一句话就已经让我脊背发冷。在我眼中，她有个致命的缺点：她很像那个疯女人。

“我听说您怀孕了……”她对我说。这些话使我的脑袋飞速运转。我分析着她的语调、声音、眼神、手势。几秒钟以后，我断定此人应该是个社会工作助理，她的任务就是带走我的孩子。我也更加明白了，为什么第一次去妇科医生那里，他们就说服我：作为社会健康指导机构的未成年人，把孩子送去领养才是明智之举。“把我的孩子送出去！”几星期以来，这个念头成了我最大的恐惧。我怕得打战。“是的，我觉得这能看出来。”我骄傲地鼓起了肚皮。她镇定地继续说：“您不应该想着以此来要挟一位年轻人。您明白吗？”她到底在跟我说什么，这个女人。要挟一个年轻人，我差不多明白这话的意思。但我完全不知道她想干吗，更不知道她是谁。“我不可能要挟一个年轻人。我才无所谓呢。我给他写了信，这是我的义务，我告知他情况，他没有给我回信。”我尽可能冷淡地跟她对话，我的眼睛盯着她的眼睛。我只有一个目的：不管她是谁，我要让她知道，带走我的孩子不可能。“不，您明白么……我是他的母亲……”她接着说。最后一句话让我一下软了下来。我听到的最后几个词是：“好了，我们进去吧。”

回到莫瑞斯特的公寓后，我还没有缓过神来，自己像是在泥沼中挣扎。只言片语的谈话从我的左耳朵进，右耳朵出，并没留下什么痕迹，就如同让皮肤打战的穿堂风，很快就被忘记了。我们三个都围坐在餐桌旁，相互之间只有几厘米的距离。我显然是这场谈论的中心，有人问我话时，我便随口应付。我仿佛是一艘配备自动航行系统的小船，正在穿越暴风雨。“好吧。”等我回过神来时，莫瑞斯特转身对我说：“挺好的，你要去南部生活了。”我渐渐看得到海岸线了。

当天晚上，我便跟这位几小时前刚刚认识的女士一起坐上了火车卧铺。我们穿越了法国，从北部到了南部，其间没有说过一句话。第二天早晨，还满眼睡意的我第一次踏上尼斯火车站外被阳光照耀着的沥青马路。那时正值五月，天气闷热。刚出火车站，我们就进了一家大商店。门上面的招牌写着“产前用品”。她挑选了两条连衣裙，递给我试穿。我进了试衣间，脱掉粉色格子连衣裙，我穿着确实有些紧了。我先穿上了她给我的第一件裙子，这是个淡紫色连衣裙，上面有黄色、红色的小花，很漂亮。我还在照着镜子，一个服务员走到我身边，问道：“我帮您装进袋子里吗？”我还没来得及回答，跟我同行的人便接话了，“不用了，她穿在身上。”氛围多奇怪啊。她替我选裙子，还替我回答。当然，这也好理解，我在过去的二十四小时都一言不发。不过，她给我买的裙子还都挺漂亮的。事实上，一切迹象都表明她在平静地对待这件事，但却又付出了很多努力。她的眼神坚定而顺从，就像是自然灾害过后要重建家园的人们的眼神。这一切在我这边都像是雾，我的思维连贯却不持续。我时常想到的只有一个问题“会发生什么？”其间，我的神经元与现实脱节，时而去看看鸟巢、乡间一角，时而去采一束想象中的花朵。二十四小时以来，我并没有真正在这里。

这种逃避现实的能力，我自儿时起便给自己培养起来了。它先是让我感觉不到挨打。之后，随着成长，我内心的花园也变得越来越丰富，成了一座巨大的花卉公园，我会躲在里面度过那些太过艰难的时刻，或者只是为了躲避烦恼。如今，它还在那儿，在我脑海中的一个角落里，却已经有个小国家这么大了，我继续饶有兴致地维护着它。去里面转一圈会让我感觉很好，我也看不到周围发生的事了。这里似乎是个儿时的映像，随着年龄的增长而变模糊了。但之于我，这个想象中的公园从没有消失过。它总是如此美丽，我也总能从中找到很多乐趣。

雏菊别墅。他们这样称呼自己的房子。这栋别墅坐落在旺斯的高处，是个大房子，旁边还有一小块地和一些花儿。我们在饭点时到达，我观察着围坐在长方形餐桌边上的新家庭：父亲、母亲、三个孩子（安德烈和他的两个兄弟）。我则坐在桌角处，我在那里，却又不真在那里。我在想象和现实中游走，在一个自己有点讨厌的地方，所有的声响都让我压抑。一方面，这里的环境让我感到拘束，让我想要逃离，但我也感觉到应该专注眼皮底下发生的事。“你要弥补自己的过错。”父母对他们的儿子安德烈说。这句话，我听到了好几次。可是又是什么错？我没意识到他们说的就是我，还没有。

吃完了饭，我们——安德烈，他妈妈和我，去了旺斯的市中心。在每条小路上，我都能看到黄色或赭石色的老门面，这也是这座南部小村庄的特征。然而，由于路很窄，两边离得很近，人们甚至在两栋楼之间拉起了绳子晒衣服。“可他们又是怎么把衣服晾这么高的？用梯子？真是个奇怪的地方！”在一个门面前，安德烈的妈妈停下来，推开了入口的门，我们上了二楼。在我们面前，有两扇酒红色的小木门，并不比我高多少。“你们就住在这里。”她对我们说，同时在右边的门锁里转动着一把金色的大钥匙。

一进门，我就闻到了一股通风不良的地下室气味。我慢慢往前走，木地板在我脚下嘎吱作响。我的眼睛渐渐适应了这里的半明半暗，我也看清了周围的空间。安德烈的妈妈已经出去了，她刚刚打开了另一扇门，左边的那扇。事实上，这间小公寓被分成了两部分，一边是卧室，另一边是起居室。想从一边到另一边需要经过楼梯间。我觉得这个设计很奇怪。我尤其觉得这一切都有点让人难过，有点陈旧，有点阴郁。

我第一个想到的就是打开衣柜，把两个羊毛婴儿服放进去，这是我几天前织的。一件是绿色镂空的，另一件是白蓝小格子的。我轻轻地把它们放在架子上，我为自己织出这两件小婴儿服而感到自豪。把它们放在这间新公寓里也没什么。虽然这位扮演强势婆婆角色的女士有些卑劣，我还是表现出自己很愿意适应这个新家。

在把我们留在这里之前，她把一个很小的白盒子放在了我的手上。里面有一只镶了两颗人工养殖珍珠的金戒指，一颗是白色的，另一颗是灰色的。“您把这个戴上，如果有人问，您就说你们在巴黎结婚了。”在这样一个确定的时刻，我才了解了现实。但我一点也不喜欢自己看到的这幅画面。我马上就要和安德烈结婚了，今后的日子都要和他在这样一个南部小镇共同度过了。在此期间，还要让所有人都相信我们已经成婚。“好吧，夫人。”我机械地嘟囔着，同时试着在头脑里理清楚状况。这段虚假的婚姻将要持续多久？

第二天，出了消防队，安德烈带我去电影院看了《疯狂的贵族》，主角路易·德·菲耐斯把我的眼泪都笑出来了。在不到两小时的时间里，我觉得自己把这辈子的笑都用完了。出了影院，走在街上，安德烈表现得有点像恋人。但一些都显得别扭。他有点笨拙地牵着我的手，他的语气有点太温柔了、太甜蜜了。他一定想要试着扮演好模范丈夫的角色，不过做法却有点勉强、有点蠢。这里的氛围开始让我觉得压抑，这种戏码每增加一分钟，套在我脖子上让我难受的绳索就会进一步被拉紧。这种压力已经持续了四十八个多小时，好在路易·德·菲耐斯让我有了一百一十分钟的喘息。

我来到后的第二天清早，安德烈的妈妈就来敲门了。安德烈已经去了消防队。“您中午准备做什么？”她问我，“这可是个男子汉，他做很多运动，要给他准备大份的饭菜。”“这女人到底想搅和什么？”我在沉默中反复思考着。无论如何，事情很清楚，我最好顺从听话。但很显然，我唯一的选择就是忍受。

晚上，安德烈从消防队里回来了，我们继续扮演着夫妻角色。我准备了晚饭，他赞美我做饭的天赋。在我洗碗时，他给我讲了一天发生的事，还问我孩子的情况。我用一只耳朵听着，通常是用那只听不到的耳朵。有时，在床上，我们也会发生亲密关系。但第二天早上我唯一能记起的，就是卧室天花板上的裂缝。我离 20 世纪 70 年代初法国刮起的性解放风潮实在是太远了。之后的日子，我知道了我们马上就要结婚。真结婚。所有的这些把戏也不过是为了在正式结婚前远离闲言碎语。典礼会在一个很小的村庄举行，在尼斯的山区。

之后的那个周末，安德烈带我参观了这个著名的村庄——库尔斯古勒，这里每平方千米只有两位居民。这可是避人眼目签婚姻契约的好地方。我们坐着蓝色黛安 6，艰难地沿着曲折的山路行驶到达了山顶，我觉得自己又晕过去了。等我恢复知觉时，自己正躺在汽车的后座，我的身体被前所未有的剧烈宫缩所震动。透过窗户，我看到安德烈正在电话亭里试着给他妈妈打电话。我刚刚癫痫发作，但我当时不知道这是什么病，也一直没有被诊断。

过了一会儿，我又躺在了担架车上，这是尼斯郊区的一个很别致的诊所。“多玛夫人，您怀孕几个月了？”助产士问我。多玛夫人？她在跟谁说话？我不叫多玛夫人……不过我可不能乱说话。“四个月。”我结结巴巴地回答，每说出一个字都深思熟虑。“您确定吗？”此时此刻，经历了一个多星期的混沌，我完全明白了现实。突然，我意识到了情况的荒谬。

出了诊所，我在脑袋里盘算着。我的想法像跳山羊似的一个接着一个，我试着把正发生在我身上的事连起来看。“我和安德烈的关系就是一场闹剧。我什么也决定不了。我毫无怨言地接受安排，不工作，只是为了照顾他。还有我们的性关系，这又怎么解释呢？没什么好说的。我被困在了这个对于肉欲的科学、抽象、冰冷的定义中。坦白讲，如果爱情是这样的，就没必要被抬高夸大了。那怎么办，我会像我的生母一样离婚吗？”这个想法让我吓了一跳。“我绝不会像我生母那样做！我绝不会像她一样！”之后，我又突然看到了另一种可能，把其余的想法都抹去了。“既然永远忍受不了这种生活，我就要用一种方式离开它。但他们比我富有得多。以他们的财力，肯定会获得孩子的监护权。他们会抢走我的孩子吗？像我父亲带走我一样。”这些想法让我产生了难以抑制的恐惧旋涡。

第二天，我像什么都没发生似的去了市场，给安德烈买了一包高卢棕丝无滤嘴烟。回到公寓以后，我做了一份蔬菜杂烩，把他的餐具放在桌上。在他的盘子旁边，我留下了他妈妈给我的戒指。之后，我试着换上自己以前的粉色格子连衣裙，可惜已经穿不上了。两星期的时间，我的肚子又变大了。我于是穿上了那件 A 字裙。最后，我还拿回了两件羊毛婴儿服，关上了身后的门。几分钟后，我已经坐在火车站的月台旁，眼睛望着与地平线相融的铁轨，脑袋里只有一个念头：“他们不要来找我。”他们也确实没再找过我。我在深夜才回到福瑞盖尔街，我姐姐莫瑞斯特的家。第二天，我回归了社会中心，重新掌控了自己的生活。就这样。

＊　＊　＊

这个故事超出了莎伏安艾克的预料。她刚刚把它从头到尾听完了，一句话也没说，这同她以往的作风完全不同，但确定且肯定的是，她以后再也不会问我关于今后家庭生活的问题了。

我一定比她想象得成熟。

“您可以给她做准备了。”医生说。我于是在《荧屏档案》的片尾曲中离开了房间。助理护士把我抬到了担架床上，送我去了分娩室。我躺在如大理石般坚硬的手术台上，护士帮我穿上了一件白色罩衫，把我的脚放在脚镫上。我面前的助产士正在穿罩衫，还没来得及套上第二个袖子，她突然急忙把手放在我两腿间。“哦！出来了！”她大喊。出来了……什么？谁啊？我还是什么都不懂。“是个小女孩。”她加了一句，脸上挂着灿烂的笑容。怎么回事？什么小女孩？在莎伏安艾克送我的书里，劳伦斯·裴诺德讲得很详细，第一次分娩会持续十到十二个小时。我的小桑德里娜的第一声啼哭才让我意识到自己真的已经生了。片刻之后，我看着自己的小女儿，她就躺在我胸前。我没什么害怕的了，我觉得自己很强大，我感觉很好。此时，助产士探着身子，狡黠地望着我：“您不会对我说这是您第一个孩子吧！”——“是的，夫人。这就是我的第一个孩子……”

回到房间后，护士带走了我的小女儿把她放进了育婴室。我不太乐意别人把我和孩子分开。我认为所有的妈妈都是这么想的。不过，几秒钟之后，我又看到了孩子，就在我床对面的玻璃窗后面。刚才把她抱走的护士正冲着我笑，她同时指着一个玻璃摇篮，她刚把孩子放进去。哦！她就在我眼皮底下，我的小女儿，我的第一个孩子。

莎伏安艾克是第一个来看我的。“怎么样，可以了！生好了！ 3.15 千克，五十二厘米。对于早产儿来讲挺不错的。”她很快就去玻璃窗后面把我的小桑德里娜抱了回来。我第二次凝视她，她被裹在襁褓里，膝盖那里尤其被束紧，为了“防止罗圈腿”——很久以来这是所有妈妈的烦恼。我看着她的小手，从她身旁的裹布里露出来。这个士兵立正姿势估计不太舒服，连小手指都要放在裤缝处。

莎伏安艾克也是第一个送桑德里娜礼物的人：一个陶瓷加热盘，用薄纱纸包装在一个漂亮的蓝盒子里，盒子上还装饰着一条白色大缎带。这真是个绝妙的礼物。但我当然不知道加热盘是什么。“看，盘子的边缘是空心的，这里有个小塞子。你用漏斗把热水倒进去。这样，孩子就可以按照她自己的节奏吃饭，饭菜也能更长时间地保温。好得很！”她解释起来像苏维埃火车鸣笛般地有节奏，这让我大笑起来。

20 世纪 70 年代，婴儿都要以立正的姿势被裹在襁褓中，进食的时间安排也几乎是军事化管理。每隔三小时，护士会把孩子还给他们的母亲。半小时后，护士再带着推车和秤回来给婴儿称重。所有体重不达标的婴儿会被退还给妈妈继续加餐。其他孩子则被送回到育婴室。清早从产房出来以后，我在九点钟第一次喂奶。这也是个很滑稽的经历，值得说出来。从分娩时起我的乳房就开始膨胀，乳汁像打点滴似的自己流了出来。我于是把小女儿放在左胸旁，她只要张开嘴就行了，母乳慢慢地流进她的嘴里，她仔细地舔着嘴唇，我骄傲地看着孩子吃奶。此时此刻，我了不起地觉得自己成了大人。这时，护士又过来了，问我桑德里娜有没有吃完，我自豪地回答：“啊，是的，她吃完了！”不过，体重秤马上就给了我一个下马威。“这小女孩什么都没吃！”护士喊道。“给我看看您是怎么喂的……”我尴尬地接过孩子，试着尽力做好。很显然，我完全弄错了。护士拽着襁褓上的结把我的女儿抱了过来，就像在拎一只购物袋，她有节奏地在孩子的屁股上打了三下。我的小桑德里娜瞪大了眼睛开始哭喊。护士顺势把大张着嘴的婴儿送到了我左边的乳房。我这才明白什么叫“吃奶”。从这天起，我左边的乳房就用来喂自己的孩子，因为奶水非常充足，右边乳房的奶水就被送到了母乳供应站，给那些我素昧平生的孩子们。

莎伏安艾克来访后没多久，又有人来看我：我的生母。那会儿是下午三点，我正在给小桑德里娜喂奶，这是她第三次吃奶。一看到生母来，我就感觉到一股怒火往上升。她来干什么。我不想让她成为第一个看我孩子的人。我尤其害怕这个女人对我做的事会影响我和孩子。我担心她会让历史重演，危害我和女儿。我像害怕细菌一样害怕她。她把一个塑料袋放在我床上："看，我给你拿来了好多邻居给我的小衣服。"我简直不敢相信。她正在送给我邻居准备扔到垃圾桶里的旧衣服。愤怒继续沿着我的脊柱往上升。桑德里娜刚刚吃完奶，她却突然俯下身子把孩子抱进臂弯。"哦，她简直太可爱了。"她说着这话，目光与我相遇，我看到她的脸马上变形了，我眼底的怒火击垮了她。她站起身，不自然地走了几步到门口，很快便离开了我的房间，她低着头，一句话不说。我刚刚体验到了母性的愤怒。

13 受伤的野兽

生母走后，我的血液还在沸腾。她想什么？想要我飞奔到她的怀抱里？我还在思索着刚才的冲突，眼睛盯着她留在我床上的那包衣服。房间的门又一次被打开了。哦，不！不要再来看我了！我的小桑德里娜已经被送回了育婴室，我不想见任何人。但这次来的是护士，她身边还有一个穿着白大褂的女士，胳膊下面夹着一个公文包。“您好，您是昨天夜里生产的？”她问我。

“是……”

“您来自于社会中心？”

“是……”

“之后您去单身母亲接待所？”

“……”

“去那边之前，您知道您要去疗养院吗？”

我并不知道疗养院是什么，只是傻乎乎地点点头，假装听懂了她的话。事实上，那里不过是像我们这样的母女可以在复工前度产假的地方。生母走后，我还处于防备状态，我怀疑所有人。这位女士继续说道：

“所以您之后可以去单身母亲接待所，或者您还有别的解决方法？”

“我可能去我姐姐那儿……”

事实上，我还没有问自己究竟在哪里抚养女儿。同往常一样，我等着成年人们替我做决定。

“但是，您知道的，您可以不带孩子，独自离开这里。在您找到解决方案之前，孩子可以被放到接待家庭那里。”

“接待家庭”……这几个字直接冲撞了我大脑中的某个未知地带，开始无规律地横冲直撞，越跳越快，每次弹起都变得更丑，就像是个没完没了的哈哈镜游戏，最后变得奇形怪状。接待家庭。我的头发晕，我用自己都不太能认出来的严肃而冷漠地语气回答道：

“我不会留下孩子自己走。”

“您知道吗，我们可以假装您匿名分娩，之后把孩子交给社会救济机构，让孩子被领养。”

最后的这个词让我脑袋里的哈哈镜在巨大的嘈杂声中碎片飞溅。我拿起她刚刚放在我床上的公文包，扔到了房间的另一端，像受伤的野兽一样大吼：“我绝不会让别人带走我的孩子。你们听见了没有？！绝不！”我从床上跳起来，对着她大喊。我的口中只有一个词：“绝不，绝不，绝不，绝不……”

这位社会工作助理可能是出于善意来帮助我、救济我，但在走出我的房间时，她一定被吓坏了。当她蹲下身捡地上的文件时，我继续吼叫着。她最后跑着离开了房间，还低着头，一定是害怕我朝她脸上扔东西。几分钟前，我刚用一个眼神赶走了我的生母，现在又像护崽的母狮一样怒吼。这当然是我人生中的第一次反抗，也是我第一次反对大人做的决定，我挑战了权威。这位女士说的话可能只是一个建议，一定的这样。但十九岁的我却把它们视作是威胁，我的反应就是死里逃生的动物的反应。

在我离开妇产医院时，桑德里娜出生八天。我首先去了克利希市政府承认这是我的女儿。女秘书按照我口述的信息填好了文件。姓氏：皮埃尔－迪·居道尔吉。名字：桑德里娜，多米尼克（跟我几个月前在生母家见到的小妹妹一个名字），还有安德烈（和她的爸爸一样，我的帅消防队员）。父亲的姓名？没有父亲。她划了个横线，写“父亲未知”。我觉得这个说法很奇怪，因为安德烈并不是未知。不过我也感觉到了一丝宽慰。“啊！以后，他们再也不会从旺斯过来把孩子从我这里带走了。”之后，我拿到了出生证明，我又一次体验到了那种神奇的感觉，觉得自己成了大人。我有一个可以付出爱的对象了，我对她来说是有用的，她可以依靠我，她跟我一个姓氏，我会为她而骄傲。是的，确实如此，我没有很多钱，只有社会保障的每日补助。但我对自己没有任何怀疑。我是一个大人了。离开市政府之后，我去福瑞盖尔街看望了姐姐。我们一起吃饭，我们俩完全被我的小桑德里娜吸引住了。她太漂亮了！

傍晚时分，我乘出租车回到了疗养院，正如社会工作助理所建议的那样。大楼坐落在维西涅的一个公园里。这儿的环境还算怡人。工作人员给了我一个带摇篮的房间。不过，这里有很多女孩，因为不想或者不能照顾自己的孩子才来到这里。这儿充斥着被遗弃孩子的哭声。来到这里的第二天，我被看到的场面刺激到了：孩子们哭喊得都快背过气去了，他们的妈妈却视而不见，不愿意花一点时间俯身去摇篮边安慰一下孩子。更糟糕的是，我看到她们在给孩子换尿布时，一脸的嫌弃厌恶，这让我气愤。很快，在疗养院中，我就有两个，有时甚至有三个孩子需要照看。妈妈们更喜欢溜出去逛街或是和情人们一起。我当时不知道这里的很多女人都是被强奸、殴打、抛弃的，她们的父亲乱伦，母亲施虐。我也不知道她们的行为其实反映了很深的创伤，对她们来说，成为母亲既是谜题又是灾难。如何让悲剧不再重演？如果只经历过恶，又如何能避免恶？如果成长在仇恨中，又怎么能想象出爱的典范？这些未婚妈妈一定是被可怕的选择逼向了绝境：要么逃离，要么延续儿时起就在其中挣扎的不良家庭模式。在这两个选择之间，逃离可能是最明智的选择。“等我长大后，我会有很多孩子，我不会像家人对我那样对待他们，我要给他们所有我不曾得到的善待。”我呢，正是这句魔咒让我决定不再重复自己所经受的一切。可几年以来，这句儿语足以让我远离那个疯女人的利爪吗？我会成为一个好母亲吗？我对此显然一无所知。但有一件事是确定的，我不会像这些不称职的母亲一样。

一天，我正准备给桑德里娜换襁褓，一位育婴员问我有几个孩子。“这是我的第一个孩子。”我傻乎乎地回答。“好吧，那您估计有很多的弟弟妹妹。”她大笑着对我说。这位夫人之所以这么问也是有道理的，我确实应付得很好。晃摇篮，裹襁褓，哄孩子，我只是重复了九岁时照顾玛丽 - 弗朗丝和罗伯特时学会的动作，一切进行得都很顺利。但我并不能掌控一切。哎，我很快又要有苦头吃了。

来到维西涅快两个月时，我癫痫又一次发作。还是同以往一样。我在医院的床上醒来，别人问我一堆问题，我什么都记不起来，不知道自己发生了什么，也不知道是怎么被送去急诊的。这就像是个黑洞，医生们又一次表现得惊慌失措。这是1973年1月，我还是不知道自己患了癫痫。我于是又要被验血，接受已经做过上千次的其他检查。但我耐心地对待自己的病情。醒来后唯一让我担心的就是：我的孩子在哪儿？我问我身边的人，医生，护士，助理护士，所有人。医护人员的话让我放心了。“您别担心，育婴员们把她照顾得很好。”他们向我重复道。我至少要待在医院四十八小时接受观察。因为还是未成年人，我也没有别的选择。最后出院后，我已经两天没有合眼了。离开我的小桑德里娜，我根本就睡不着。我担心得要命。

回到维西涅之后，我赶快回到房间，却发现摇篮空了。我差点就晕倒了。孩子在哪儿？她的东西都不见了。我疯了似的在走廊里跑着，纠缠着几个育婴员问了一堆问题，经过每个摇篮都俯身看看是不是他们把我的桑德里娜跟别的孩子弄混了。我变得歇斯底里。最后，面对我的哭喊，负责人给了答复："我们把桑德里娜送到了安东尼的托儿所。母亲不在时，我们无权监护她们的孩子。"

失眠、担忧和刚刚经历的癫痫让我筋疲力尽。我的双腿已经支撑不住我的身体了。我踉跄着，每走一步都几乎要跌倒。然而，我在地铁道里跑得飞快，为了能尽快到达安东尼。经历了一个小时的路程，我终于到了托儿所的门前，我又急又冷，边按门铃边跺脚。对方告诉我现在不是来访时间。我急疯了，坚持着。最后，有个人来看我。我的脸色一定很衰败，疲惫和压力都写在了脸上。"我刚出院，想要接我的女儿，桑德里娜·皮埃尔－迪·居道尔吉。"我连环炮似的一口气说出这些话。而我得到的回答像是一记打在肚子上的重拳，让我屏住了呼吸。"您的女儿已经被送去接待家庭了。"我的心碎成了渣。我的女儿在接待家庭？这不可能，这是个噩梦。社会工作助理来妇产院建议我把桑德里娜送去接待家庭时，我把所有的文件都扔到了她的脸上。现在又有人背着我做决定。虽然我一腔热血想要避免童年的混沌再次发生，但突然间，我觉得命运对我和女儿穷追不舍，让我们重蹈家庭的不幸。我试着重新解释了自己的情况，但句子总是被呜咽声所打断，我觉得自己快窒息了。

奇怪的是，这位女士的声音最后让我有了些许平复。“您冷静一下，小姐，冷静一下。”她拉着我的手对我说。“如果要把女儿还给您，需要三个文件：证明您是她母亲的文件，您负责人的身份证件，因为您还是未成年人，还有一个居住证明。”

“您下午把这些都带来，行吗？”

“好的，我向您保证。”

一小时后，我来到了生母的住所前。跑着爬上了七层楼之后，我不断敲打着她的门。我从来没有想过自己有一天会问她要什么。我听到门开了，于是推开了门。“我需要你写个东西给我，证明我和女儿都住在你家。”我应该表现得更客气些，但我不想让她觉得她有所选择。几秒钟的时间，我看到她想要找借口却又找不出。她结结巴巴说了几个词想要争取时间，但我不给她喘息的机会。我甚至准备好在需要时把一把刀架在她脖子上。“别担心！我绝不会来跟你住的。给我写个证明！”

此时，多米尼克走进了房间。她都听见了。“妈妈，好啦，给她写个证明。”她小声地说。在我生母写这份该死的文件时，多米尼克穿上了外套。“我跟你一起去接孩子。”她对我说。顶撞她母亲的权威，帮我这么一个在困境中的外人，这不是个简单的决定。我没料想到会有这样一个表露出姐妹情谊的举动。

我们到了之后，托儿所的负责人看了我给她的三份文件。终于允许我把女儿带走了。我看到她穿着一件红色的马甲裙，黄色的小毛衣和白色的圈袜。这会是六英寸长的白色氨纶短袜吗？纷杂的回忆又浮现在我眼前。另一个疯女人的面孔又出现了几秒钟。但我的孩子在冲我微笑。我感觉到在我离开期间，她被照顾得很好。我甚至觉得她长胖了，健康得很。她看上去很开心。离开时，负责人递给我一张宝丽来相片，是接待家庭为桑德里娜拍的。照片上，我的女儿在浴室里，躺在育婴台上。一双女性的手正准备把她抱起来。她穿着黄色的连体服，我的女儿微笑着。这张照片先是让我感到宽慰，进而又让我有些眩晕。如果这位养母比我更好怎么办？无论如何，我也正是在接待家庭中才尝到了母爱的滋味。这个想法在一阵战栗中穿过我的脑海。我怎么可能忘记?

我回过神来。把孩子接回来是负责任的妈妈做的事。是的，我是个有责任感的妈妈。我会成为我未曾拥有的那类母亲。走路时，我决定离开社会健康指导机构。我再也不会回到维西涅，也不会回蒙特勒伊。在地铁通道中，我抱着孩子，把她紧贴在我身上，我朝 20 区走去。从今以后，我住在福瑞盖尔街的姐姐家里。

莫瑞斯特张开双臂迎接了我们。我还没坐下，她就已经去买奶瓶和奶粉了。我与姐姐和我的小桑德里娜一起，开始了独立妈妈的生活。

14 懂得分享

两年时间，我做了些流水线女工的兼职：留尼汪街上的福隆糖果店，佩罗保尔地铁站的纸板厂，香水作坊。我甚至有几个星期在汉吉斯批发市场把苹果装筐。我不错过任何工作机会，但却不能保住职位。问题就在于经常性的癫痫发作。每次都一样，我像石头一样重重地摔倒，被送进医院，留院观察几天，惭愧地出了院也丢了工作。

据说，癫痫发作有可能是由重复性的运动所引发，例如迪厅里的频闪灯光。但流水线工作，所有这些在我面前经过的苹果包装盒，巧克力盒，香水纸箱，它们是我发病的诱因？我无从知晓。在那时，我还是一直没有被确诊。每次出院，我都不知道自己究竟发生了什么。我开始严肃地怀疑自己是不是真疯了。尤其是在医生一如既往地把我送去精神病科时，我感到羞耻至极。还好我可以指望姐姐照顾我的小桑德里娜。

出院之后，我只要打开报纸再找一份工作就行了。这个法子可以维持几天，或者几周，直到下次发病。所有的这些零活都无聊得很，但我并没有在意。我为了养活女儿而工作。除了健康状况不好之外，用挣到的钱和单亲母亲的家庭补贴，我也能实现收支相抵，所以也算幸福。根据不同的工作地点，我晚上有时还会拿回一些小礼物。福隆糖果店的巧克力，汉吉斯批发市场货架上的草莓。我很容易满足。事实上，不在医院时，我时刻都保持微笑。只有糟糕的发病才会危害到我的生活。即便如此，我最后也学会了适应。“我疯了？即使是又怎么样！疯了也要继续生活！”

无论如何，我只为女儿而活。我从没想过下班后跟同事们一起出去喝一杯。我总是尽快回家，晚上就给孩子织小衣服。如果有 10 法郎可以花，我会想着能给孩子买什么。我像对待玛丽 - 弗朗丝一样对待桑德里娜。在与她说话时，我从来不会说“不”。如果看到橱窗里有件漂亮的纱裙，我就会买给她。如果没有钱，我就会跟自己保证要省下钱，有一天把裙子送给她。

1974 年 10 月，法国邮电通讯局大罢工。信件、电话、交通都暂停了。我刚刚给我出生的圣西蒙十字医院递交了求职信。在等待回复期间，我照顾桑德里娜。一天早上，我看到狄阿罗先生来了，这是个小个子的黑人，头顶戴着一个粗花呢鸭舌帽。他是医院负责人——佩尔蒂埃女士派来的，医院出现了用工荒。没有公共交通，很多巴黎人没办法来上班。而我就住在医院边上，于是成了为数不多可以走路过去的人选之一。我于是抱着小女儿，接受了狄阿罗先生的建议，跟着他来到了佩尔蒂埃女士的办公室。

“您是谁？”她问我，眼睛盯着我的小女儿。

“狄阿罗先生说您想见见我，给我一份工作……”

“您可以明天开始吗？”

“是的，夫人。”

离开之前，狄阿罗先生带我去衣物保管处拿了一件蓝色罩衣。在短短的五分钟时间里，由于1974年的罢工，我有幸被医院雇佣为保洁员。打了两年的零工，这个新工作确实是我生活的一个转折。前几个星期，如果有人要求跟我换班我也不能拒绝。但很快，我就被专职聘任，负责圣西蒙十字医院的所有服务事务。

我做清洁。这个工作我了如指掌。只要可以，我就会去为病人们服务。进了房间之后，我总是充满活力地大声问好。脾气古怪的人不会理睬。但其他人都很开心。“至少你来了，气氛会变好！”他们对我说。有的人会借机让我帮个小忙。“您能帮我把盆递给我吗，我想小便。”正常情况下，我不该接受这个要求。因为我的工作是清洁地面，仅此而已。其他的工作是助理护士或护士的职责。但我很喜欢与病人亲近相处。如果他向我求助，我每次都会把盆递给他。这只是为了让他高兴。我重现了几年前莎伏安艾克展现给我的那种精彩活力。

在所有的病人中，我尤其对老人们特别关心。他们很不容易，总是很孤单，医院的环境也很难适应他们的需求。一天，一位老奶奶刚刚做了胯部手术，她问我能不能给她拿些花过来。她已经住院好几天了，没人来看她。第二天，我带来了一株漂亮的红色天竺葵。“啊，太美了！谢谢你我的孩子！太感谢了！”她拥抱着我说道。我贴着她的脸颊，感觉到了她的泪水。有人对她有些照顾，她显得如此高兴。她是如此地和善却又孤单。离开医院时，我和这位奶奶如此亲密，以至于她问我是否愿意陪她去圣母朝圣地卢尔德待两天。过了几个月，我又搀着她的胳膊，一起参观了著名的圣女贝尔纳黛特・苏毕胡[1]之洞。

我最喜欢的部门还是儿科。早上到了治疗扁桃体的 114 房间，我总会看看冰柜里是不是会有冰激凌。冰冷可以缓解疼痛，我会告诉这些小孩子，用这个漂亮的草莓冰激凌，他们的嗓子就不会那么疼了，我喜欢看到他们停止哭泣的模样。有时，看到我如此轻松地驾驭孩子的哭喊，一些家长会把他们的孩子托付给我，自己去喝杯咖啡。我把他们放在摇篮里，给他们讲故事。其他事都被我抛之脑后，我沉浸其中，就是这么简单。

老员工乔西每天都会给要参加考试的雇员上课。早上讲理论，下午是实践。她给学生讲行业的基础知识：如何护理、清洗，如何不让病人下床更换床单。在走廊拖地时，我常常偷偷透过房间的窗子看她上课。我也很想参加，但却不敢。无论如何，要想参加这个培训，要通过测试，我觉得自己根本就没这个能力。直到有一天，我的目光与乔西的目光相遇。我看到她让学生稍等片刻，之后走向门这边。我被发现了。我赶紧拿起

---

① 圣女贝尔纳黛特是十九世纪末法国卢尔德的一名美丽的农村少女。十四岁时，她进入法国讷韦尔的修道院，多年后被人们称为“圣女”。她已经去世了 137 年，但至今拥有不朽之身，她的遗容依然栩栩如生。——译者注

拖把，假装什么都没发生。但我又突然害怕了，就像自己刚犯了个大错一样。她走近我，笑着望着我。

“你能告诉我为什么还在做清洁吗？”

我没明白这个问题是什么意思。我开始结结巴巴，大滴的汗珠也冒出来了：“我……我还没完成工作……”

“测试在月底。你如果愿意的话还可以准备。”

“这不可能……我不行的……我不知道……”

“可以的，可以的，你照顾病人已经有些时间了。我今天就给你报名。你回头来我办公室找我，我和你解释。”

另一个人的羞辱给我留下了如此深的印记，我甚至一秒钟也不敢想象自己去参加考试。我觉得自己一无是处。“蠢货”。我当然也想走得更远，而不仅仅是给孩子讲故事或是给老妇人买花。但事实是，我需要控制自己的发病。这倒霉的病肯定会再一次让我失去工作。怎么办？我决定把一切告诉乔西。

“乔西，您知道吗，除了不能通过考试之外，我还有一个毛病。有时候，我也不知道为什么，会倒在地上，失去知觉。等我醒过来时，什么都记不得了。”

我惭愧地动不了了，这还是我第一次如此坦率地跟别人讲话。她一定觉得我疯了。

“我们回来看看吧。”她回答道。

什么叫我们回来看看吧？我对这个答复可不满意。我的病太严重，太误事了。如果随时都有可能像纸牌屋似的轰然倒地，我不可能成为护士。

三个月以后，我坐在办公桌前，埋头回答一份基本知识试卷。还有数学测验和写作，要回答“为什么您想成为一名护士”。几天后，该交卷了。乔西特意把我的留在最后看。“好了，下面看看这个最不行的。”她说道。我惭愧极了，恨不得找个地缝钻进去。我甚至不敢抬眼。之后，我用眼角望了一眼卷子，我看到一个数字。我用了几秒钟才看明白这个分数：19/20。我简直不敢相信自己的眼睛。我成功了。我先要参加助理护士的培训。一年后，我就可以进入护士班了。这个结果超出我的预期，虽然困难重重，我还是走上了成为一名护士的道路。像莎伏安艾克一样，像卢梭妈妈一样，像个大人一样。

从此以后，我作为助理护士，正式照顾病人。帮助不能动弹的人洗漱，帮助生理期的女性，帮男士们刮胡子。我为他们擦洗、穿衣、整理床铺，给房间通风。这是个不讨喜的工作吗？对我来说，这简直太让我开心了。我为别人服务，给病人带来舒适和安慰。有人信任我、感谢我。我生命中第一次感觉到喜悦，感觉自己有价值。对我而言最重要的，就是关注没有来访、感觉孤单的病人。我会更经常去看望他们，给他们带来点人气。在收回餐盘时，我会注意他们吃了什么。对于没有胃口的病人，我会寻找原因。是不是因为食物不好吃？还是因为他们不舒服？接近其他护士，我才意识到她们的工作要比我的更令人不舒服。护士常常不得不做一些“坏事”：打针，包扎，打点滴，要拔下或插上不同的导管、引流管。所有这些对于病人来说都是异常疼痛的。助理护士却只做“好事”。她会扶起枕头，拉起被子。病人喊她帮着洗头，刮胡子。事实上，我觉得自己被付钱照顾、呵护这些人。这些都非常适合我。最后，也是最重要的一点，作为助理护士，我有权把所有孩子都抱在怀里，这对我来说，简直是无价之宝。

当然，我也很快能发觉一些病人的内心想法。第一次是和一个男病人，我要帮他洗漱。看到他勃起，我首先想到的是检查下自己的身体是不是有裸露。这可不好说，掉了一颗扣子，这也是有可能的。夏天很热时，我们在医院都是直接在白大褂里穿内衣。对于女护士的性幻想也并不完全空穴来风。不对，我没什么问题。我又看了看病人，我这才意识到他和我一样不好意思。他因为不能控制自己而尴尬。他什么也没说，我也没说。我给他洗漱完毕之后就一声不吭地走了。一些手术还需要助理护士给患者剔阴毛。我也从那时起学会了如何分辨羞涩男性和老色鬼。前者会避开目光，露出紧张的微笑，脸红。后者呢，还没碰他们就勃起了，这种人真让我恶心得想吐。不过，一位护士教给我一个很有效的妙招：滴上几滴乙醚他们就软了。老色鬼立刻变成尴尬的病人。

对我来说，这段时期像被施了魔法。我赚钱，我的小桑德里娜长大。一天，她问我要一辆自行车。我存了几星期的钱就给她买了自行车。她想要个会说话的娃娃？她就拥有了会说话的娃娃。“一辆脚踏小汽车？当然了，我的宝贝！”我的小天使值得拥有任何东西。三岁生日后没多久，她问我要一个娃娃推车。圣诞将至，我知道在医院给工作人员子女的礼物清单中有这一项，于是预定了。要做的就是等待佩尔蒂埃夫人的圣诞下午茶了。12 月 24 日，在圣 - 查理教堂的地下圣堂，我骄傲地把女儿带到同事们面前。她穿着镶着小花边的绿色连衣裙，她太漂亮了，我的小桑德里娜。当台上的幕布打开时，圣诞老人正坐在一堆玩具之中。我们在后面准备了一张大餐桌，上面放了几十个蛋糕。孩子们开始像一群飞起的麻雀似的叫嚷了起来。我们让孩子们排成一竖排，一个接一个地上台向圣诞老人要礼物。就像在电影中一样，当他们收到几个星期前提到的圣诞礼物时，都惊讶地瞪大了眼。这真是神奇的时刻，我也才意识到这是我做妈妈后过的第一个圣诞节。我成了母亲，成了大人。

当我女儿登台时，我的心都快跳出来了。圣诞老人把她抱在膝盖上，问她想要什么。可当她收到了娃娃推车后，我看到她的眼神里有些不满。桑德里娜并不像其他孩子那样喜悦。下台时，我牵着她，问她哪里出了问题。“礼物真丑。”她回答我，还把推车留在了台上。这个推车并不是她梦想拥有的。我被打败了，灰心丧气。这还是她第一次这么跟我说话。跟所有的孩子一样，她很快就厌倦了自己的礼物。但这多少有些快。她那个会说话的娃娃也没玩多久。但这样的任性以前还没出现过。我于是意识到，自己从满足她所有要求中获得巨大快乐。太多人对我说“不”了。我也一直苦于无法表达自己的愿望。我怎么能让自己的孩子再忍受这些？这会让我心碎的。我也因此像当初对待玛丽－弗朗丝那样对待她。当小妹妹想要什么东西时，我总是想办法满足她。但是，桑德里娜并不是我的妹妹！

突然，我意识到自己还从来没有教育过自己的女儿。我只是在她身上弥补了我所欠缺的。看到她如此轻视医院送的玩具推车，我觉得自己全弄错了。在圣诞树前，我明白做母亲和做姐姐的角色完全不同，我要改变。我要成为妈妈，要学会成为母亲。可是该怎么做呢？

后来的日子里，我只想到了一个明确的解决方法：再生一个孩子。这样她就不得不学会分享：她的玩具，她的生活空间，甚至是她的妈妈。

15 全是女孩

我在弗兰德路的家庭补助管理局外面已经排了快一小时队了。天上开始下起了毛毛细雨。我看到一大团黑云在向我们飘来：真倒霉，看样子不太妙。突然，有人在我头顶撑起了一把伞。我转过头，是身后的先生帮我遮雨。这是个高个子的黑人男子，很瘦，穿着灰色西装，也很优雅。我微笑着向他致谢。进去之后，我们在同一个等待室。他对我微笑着。等我出去以后，雨还在下。比刚才下得还大。撑伞的先生也出来了。“我开车来的，您想要我送您去哪儿吗？”我有点犹豫，因为住得并不远，但我也不太想像落汤鸡似的回去。

在车里，他试着打开话匣，而我却显得有些拘谨。

“我叫阿方斯”
“……”

“您呢？”

“弗朗丝。”

“您去哪？”

“回我家。”

“地址是哪里？”

“福瑞盖尔街，在维特鲁威路的拐角处，在 20 区。”

我并不怎么亲切，但他却一直微笑着。到了楼前，我勉强地谢了谢他，然后砰地关上了车门，就像搭了个的士似的。用钥匙开锁时，我听到他在我身后说：

“我还能再见到您吗？”

第二天，阿方斯带着一束玫瑰又一次出现在我的门前。几星期的时间里，我已经深深爱上了这个男人。1976年9月16日，在德依妇产医院，我生下了一个混血女儿：艾曼纽。但我清楚地知道自己不会给桑德里娜找个继父。“继父”这个词总是会让我想到另一个疯女人。即便阿方斯是个可爱的男人，我也绝不冒险让女儿感受到一小点她曾给我的感觉，哪怕是一秒钟也不行。我于是拒绝让阿方斯承认自己的女儿，他接受了。无论如何，他别无选择，这也是女性的特权。

艾曼纽是个可爱的小女孩。从来不生病，没有任何麻烦。我看着她像花朵一样成长，只需要爱和新鲜的水浇灌。值得一提的是，我并没有留给她时间享受小女儿的任性。

我又一次躺在了病床上，在圣西蒙十字医院，治疗膝盖感染。伤口让我疼了很久了。拍了片子，医生发现我的髌骨后面有个异物。在等待治疗期间，我的病房络绎不绝。所有的同事们都来跟我问好，还有一些同事在我的额头上做手势画小十字。当时还有几个修女留在这里，因为医院以前是由圣西蒙十字教堂管理的。当然了，这些修女不再戴修女帽，但一些宗教手势仍保留着。

“你是怎么受伤的？”一个医生问我。

“……”

“什么？你不知道？”

这才是最糟糕的。我什么都不记得了。一点都不知道。我猜想是癫痫发作时摔倒了，但根本解释不了在哪里、怎么摔的，也不知道是什么时候摔的。

手术之后，头脑还麻痹着，我看到主任医师萨拉玛尼夫人小步走进了我的房间，她俯身对我说：

“你怀孕了，弗朗丝……”

这是个问题吗？还是我没听懂这个句子？我费劲地睁开眼睛看她。

“不，我不觉得……”
“弗朗丝，我没在问你问题，你怀孕了。”
“真的吗……”

这确实奇怪。我已经很久没见到阿方斯了。我们各有各的生活。距离我们上次见面有多久了？两个月，也可能是两个半月……

“我看了你最新的抽血结果。完全没错，弗朗丝，你怀孕了。”

我突然觉得自己被一连串迄今为止还从未考虑过的问题压垮了。怎么把这个消息告诉两个大女儿？早晨怎么把两个小孩送去幼儿园？要把这个孩子安置在公寓唯一一间屋子的什么地方？我希望这是个小女孩，因为我还留着艾曼纽的婴儿服。

唯一完全没有被我纳入考虑的顾忌就是经济问题。自从当了助理护士，我生活得更舒适了，甚至搬进了一间漂亮的公寓，在二十区的蒙索罗广场19号。下午，我的房门又一次打开了，是萨拉玛尼夫人和两位警察。

“弗朗丝，”萨拉玛尼夫人很为难地对我说，“这些警察想问几个关于你孩子的问题。”

“我的女儿们出什么事了。”

“夫人，您叫什么名字？”

“弗朗丝·皮埃尔－迪·居道尔吉。”

“您住在哪儿？”

“二十区的蒙索罗广场19号。”

“您有孩子吗？”

“是的，我有两个女儿。”

“她们在哪儿？”

“她们去山区的朋友家了，跟我姐姐一起。”

“是哪里？”

“在拉克吕萨[①]……”

谈话的语气越来越严厉了。站在警察身后的萨拉玛尼夫人似乎准备好随时出击。她很了解我。

“把您家的钥匙给我们。我们要去检查下。”

我照做了，但根本就没明白发生了什么。他们走了以后，萨拉玛尼夫人来到我身边。我开始惊慌了。“他们为什么问我这些？孩子们跟我姐姐去雪山了，我跟你发誓这是真的……”

“我知道，别担心。好像是有邻居报警，说听到你住的楼房里有孩子哭喊。警察想弄明白怎么回事。”

我惊讶至极。怎么会有人认为我会虐待自己的孩子？此外，

---

① 法国滑雪胜地，阿尔卑斯山脉阿哈维斯群山脚下。——译者注

我清楚地知道这些哭喊是哪儿来的：十楼的小女孩每天晚上都会被她妈妈打。我自己也报过警想试着救她。希望警方能成功让她脱离困境。

我两天后出了院。回到了家，我发现警察把所有的柜子都打开了，甚至给我住在拉克吕萨的朋友打了电话，询问我的女儿是不是真跟他们在一起。究竟是谁把警察派到了我家来？楼里的闲言碎语确实常常让我感觉到自己的单身母亲身份并不合他们的意。

两三天后，阿方斯来看我。这天晚上，只有我们两个人。我给他做了晚餐。我很高兴见到他。我们聊了聊女儿们，然后就准备休息了。

“其实，我怀孕了……”
“什么？你是故意的吧？”
“啊，没有，不是的。”

阿方斯显然不愿意跟我有第二个孩子。看着他穿上衣服，换了皮鞋，系紧领带，拿起黑色公文皮包，不看我一眼便走出了公寓，我知道我失去他了。隔着门听到电梯的声音，我发觉自己其实期待他只是下楼透了透气，还会再上来。但他再也不会来了。1978 年 8 月的这个晚上，我失去了一生挚爱。

因为失恋而忧愁？没有，这不过是一页纸翻了篇。我很快就会见到度假回来的女儿们了，也快要开学了。我会看到自己的肚子再次变圆，几个月后，我就又要回到医院，然后就是分娩、喂奶、托儿所、尿布、生活。

可是，我在 1978 年 12 月 2 日早上就破水了。这太早，早了太多。我在脑袋里盘算着：提前了两个半月。不，这不可能。

一个小时之后，我就躺在了德依妇产医院的急诊担架车上。我很快被输液防止宫缩。在 20 世纪 70 年代末，六个月的新生儿存活的概率很小。人们知道的最好治疗方案就是最大限度地延迟分娩。但下午时，宫缩就开始了。将近晚上八点，医生在监护器前皱起了眉头。胎心加速了，之后又突然减速。“得开工了，胎儿宫内窒息，我们怎么做？”他问我。胎儿宫内窒息。我的胎儿，我的小宝宝正在受罪。孩子很可能胎死腹中。我慌了。“想象一下如果我是您的妻子，您怎么做？”我也知道如果这么早就分娩，孩子生还的概率很小很小。“好吧……您是我的妻子！”他口气轻松地对我说，这也是为了让房间里的人放松一下。

16 生还！

在特鲁索儿童医院，我透过玻璃保温箱观察我小小的女儿。她的脸色发灰，很奇怪。马特医生在这里向我解释状况。但我却不怎么专心。

“她确实太小了……”

“哦，是的，我知道。我的小玛丽，我的宝贝真的是太小了。”

“问题是她患了坏死性小肠结肠炎。”

我听到了医生对我说的话，我也明白了他用的术语，我在圣西蒙十字医院工作时听说过。然而，我的大脑却并不接受这个事实。

“我们差不多给她切除了一半的肠子，装上了人造肛门。为了增加她的存活概率，我们也给她用了人工呼吸器。”

“她的存活……概率？”

最后的这几句话如电击般刺激了我。我站起身来望着医生的眼睛。

“手术进行得很顺利，但她早产太严重。我们还不能预料之后怎么办。”

三月末，我还在休产假。每天早晨，我把艾曼纽送去托儿所，把桑德里娜送去学校。十三点，我就在特鲁索儿童医院的新生儿重症监护科门口徘徊，等着去照顾你，我的小玛丽。我在十六点时离开，去接两个大孩下课。除非是莫瑞斯特不工作可以照顾她们的时候，这样我就会在医院待到二十点。

我一整个下午都在隔着橱窗给你讲故事。前几天很不容易，你全副武装，靠管子插在鼻腔里进食，还有一个管子帮你用嘴呼吸，心脏上有电极，大脚趾上夹了测体温的夹子，脖子上正在输液，还有个人工肛门的袋子。这堆讨厌的东西维持着你的生命，但却刺痛了我这个母亲的眼睛。医生时常提醒我不要太抱希望：“您的女儿活不了几天的，最多几星期。”在此期间，你受了很多罪。保温箱旁边，各种仪器成了在我面前演奏的音乐带。我哀求、诅咒这些电子机器。我对它们说话："为什么这么痛苦？如果她真的要走，为什么还让她受这些罪。我只要把你们都关上就行了。"每次看到这些讨厌的发光盘，想到自己用如此大的痛苦去换取生命，我都充满了负罪感。在我看来，如果老年人没有生的希望，急需救治就是不人道的。为什么对于新生儿却如此固执？为什么？只因为放弃希望在我看来是不可能的。因为一点点生命的迹象都会让我重获笑颜。看到你打针时痛苦的脸，我的心都要碎了，我的小玛丽，可是你的哭闹都是生命的象征。"你会活下去的，我向你保证。"

我每天最大的考验就是不在你面前崩溃。我相信即使是新生儿也能感受到母亲的情绪。你当然没有必要看到一位不幸的母亲，所以我尽可能地向你展示我最好的笑容，从而传达给你爱和乐观。我给你讲医院之外发生的事，给你唱所有能让玛丽-弗朗丝、桑德里娜或艾曼纽平静下来的摇篮曲。当然了，有时我还是会挺不住。这个时候，我就会平静地起身，走出房间，去消毒室的长凳上坐一会，把心里的悲伤都哭出来，直到流干最后一滴泪。之后，我再洗洗手，穿上无菌服，笑着回来看你。我已经在背后和医生考虑到最糟糕的情况了。"如果她走了，我想要你们通知我来把遗体带回家，无论是早晚几点钟。"他们假装答应了，但很显然没人会同意我做这种事。

玛丽，你的生还概率和你的体重直接相关。每天早晨都要称重，我的宝贝，你的体重十克十克地艰难上升。给你喂的合成产品看样子起作用了。我也继续挤奶，希望你能尝一尝。第一次在保温箱里看到你时，你的体重已经从出生时的 1820 克下降到了 920 克。你的体重下降了一半。我于是有了如下的考量：“如果买 920 克的土豆，我甚至都不够给女孩儿们做土豆泥。”今天，当医生告诉我你长了 10 克，我的精神状态也到了最高点。可惜好的状态并非天天都能有，如果医生告诉我你体重降了，我就会消沉。体重少了 10 克让我想到最坏的，但不能崩溃，千万不能。要保持微笑、保持乐观和爱。

“哎，我的小坏蛋，你今天掉了 10 克？是没吃饱吗？”

我努力控制着自己颤抖的声音，让你听到最柔和的声音。我试着轻轻地跟你交谈，这是每个出世的孩子都应当享受的待遇。

“你真是个调皮蛋，在保温箱里活动太多了。好吧，不要紧：下次好好吃。”

有时候，即使你浑身插满了管子，我还是把你放进臂弯里，轻轻地摇晃。我们周围的空气因为发热的灯管而让人窒息。虽然没到 37 度，但也差不多了。你睡着时，人工呼吸机的扰人噪音又像火车头似的响起，打断了其他仪器的声响。听到一点“滴滴”声，我就会被惊动，继而祈求：

“不要啊，拜托了！不要放弃她！求求您了，让她恢复正常吧。”

我开始仔细地观察曲线。但我一点都看不懂这些东西。有时会听到房间里尖声的警报，还有护士室里开始闪烁的控制屏幕。这表明科室里的十二个小孩儿中，有一个出现了严重的问题。医护人员开始四处奔走。我低下头，祈祷厄运不会降临到你的身上。

理论上讲，在你接受治疗时，我没有权利待在房间里。但我每天都在，我并不惧怕医疗风险。于是，照顾我们的护士雷切尔最终同意让我待在这里。目睹这一切确实要有坚强的内心：

对人造肛门消毒，不停地重新粘上因胃液而脱落的袋子，给头后的褥疮消毒，长疮是由于你一直一动不动地枕着枕头。为了让你平复下来，为了一切顺利进行，我把食指放进你的小手里，用拇指抚摸着你的手指。护士们告诉我这些小动作可以让工作进行得更顺利。口鼻中的管子让你无法哭泣，但一有人过来摆弄你给你治疗，你就像狮子一样挣扎，想要别人让你静一静。人们常说新生儿感觉不到疼痛。这可不对，我每天都看得到。

只有一个治疗是我不能在场的。我的小玛丽，你的颌骨下有一根导管插进喉管，直接通到心脏。这根直穿你身体的管子也一定是所有管子中最重要的，必须完全无菌。因此，这根管子上有二十多厘米都裹了纱布和胶带。那是块很大的纱布，就像个白色的大娃娃，有你两个脑袋那么大。这让你看上去像个兔耳朵一样。在把管子取出来消毒时，雷切尔总会让我出去：太残忍了。出去之前，我会最后一次安慰你。

“你要乖乖的啊？雷切尔和卢瓦克会给你换个新的兔耳朵。不要发脾气哦？妈妈一会马上就回来。”

一天，我发现你的头上盖了个透明塑料盒子。这是什么？

你又怎么了？我的脸都被吓变了色。但雷切尔跑来安慰了我。

“您不用担心。看，这是个好消息。”

她把盒子掀开，简直像奇迹一般，我的女儿，你开始哭了。

“真是太高兴了！这是我第一次听见你的声音！你终于哭了，像所有的婴儿一样！”

我得继续去圣西蒙十字医院工作了，但如果去工作，我就没办法再照顾你了，我的小坏蛋。去工作，只有在周末才来看你？不可能？这绝对不可能。我于是向萨拉玛尼夫人提交了辞呈。真遗憾，获得了分娩前几天拿到的护士文凭，我本来能真正成为莎伏安艾克一样的人，可惜了。

五月份，我的孕产补助也到期了。我要再找些法子生活。我跑去医疗职务的临时工作介绍所登记了，我跟他们解释自己更喜欢上夜班。这样白天就有空闲了。我很快就签了第一批合同。主要是养老院的临时助理护士。我晚上工作十二小时，薪水丰厚，早晨则继续每日的节奏：托儿所，学校，睡一会儿，中午去特鲁索医院。我每天只睡两三个小时。还有就是要耳朵时刻贴着电话，以防医院打过来。累吗？肯定很累，但我却感觉不到。我当然也意识不到这些在我的身体上留下了什么痕迹。看着自己的孩子在生死间穿梭，这种压力强度太大了，以至于我完全忘记了自己。我只有在两种情况下才能睡着。一是在接近自己的身体极限时，这种情况下，我随时随地都能睡着：医院的长椅上，坐在凳子上削土豆时，或者在养老院值班时。二是在癫痫发病时，晕倒，几小时后再醒来。但这第二种情况并不能让我休息，相反，发病后醒来，我总觉得比之前更累。

我内心深处的负罪感每天都在增加，我想到了那些在圣西蒙十字医院疲惫不堪的工作日。如果我早点停工，你估计就能平静地在我肚子里长大了。我也会想到两个大女儿。我没有很多时间照顾她们。我知道，我明白。但我还能怎么做？就像新约全书里写的那样，牧羊人丢了一只羊，不该为了找到这只羊而抛弃其他的九十九只羊吗？

我几周来担心的事终于在深夜发生了，电话响了。

“夫人，您能来医院吗？您的女儿情况很糟……”

我放下了电话。好吧，全完了。我像疯子似的在街上跑着，来到了特鲁索医院的十楼。我上气不接下气，快要晕倒了。透过玻璃，我看到医生正试着给你插管子，却办不到。一位女护士想给你打针，也没有成功。他们做手势让我进屋。我指了指自己没经过消毒的衣服。不过看样子这已经无所谓了，我进了病房。你手脚乱动，口中传来了一种我从未听过的声音，这奇怪的叫声就像是一只猫的哀号。我抚摸着你的手，跟你说话。你平静了一些。他们终于给你插上了管子，输上了点滴。最后，你平复了下来。我待在那儿，就在你身边，瞪大眼睛，不想失去在你身边的半秒钟。清晨，你还在。最后关头的抗生素救了你一命。你刚刚从败血症中活了过来。你在我的怀里睡着了，这次真的是生死攸关。

6月，我的小坏蛋，你开始自己呼吸了，你的心脏正常运转，你终于开始慢慢增重了。不过你还是要靠管子进食，肠子依然连着收集袋，确实没有理由再把你留在重症监护室了。你被转入了内科。至于我呢，我意识到你周围的医护人员变少了。出于担心，我每天下午都去看着你。

我像看着炉子上的牛奶似的，时刻不离开你身边。任何一点差错，打针没打好，灯灭了导致体温下降，这些我都要管。我常常粗暴地对待那些忙得晕头转向的可怜的护士们。我也是唯一一个每天都出现在医院的母亲，从十四点到二十点。不得不承认，疲惫让我变得难以忍受。每晚离开之前，我都会把音乐娃娃放在你耳边，这样你就能安然入睡了。可是第二天，我总是在地上找到娃娃。没人会把它捡起来。我抱怨、恼火、筋疲力尽。

唉，在这个新的科室，你的体重又开始下降了。我于是和外科医生预约，讨论这件事。

“要么我们不采取措施，她会继续衰弱下去。要么就试着移植猪肠。第二个方法可以嫁接她的肠子。您怎么看？”

什么叫我怎么看？我什么也看不出来，我完全不知所措。

“您呢，您怎么看？”

“一开始，我想到的是移植方法，但问题是这个手术还没在这么小的孩子身上试过。通常情况下，这个手术是不给三岁以下婴儿做的。”

但是这位医生，他想让我怎么回答？我也手足无措。你的各种健康问题在我脑袋里打转：你脆弱的小心脏，几周前的败血症。我知道的唯一一件事，就是我的女儿还活着。

“您尽力而为吧……”

手术两天后进行了，很成功。再往后，你开始长胖了。10克，20克。我还是在你身旁守候着。7月份，我快撑不住了。我在多姆山租了一个度假小屋，让女儿们和莫瑞斯特去度假。在同特鲁索医院的医生交谈时，我提到了这件事，医生惊讶地看着我：

“可是，您为什么不跟她们一起去度假？”

“我不能把玛丽一个人留在这！”

“可她不是一个人在这，我们都在，医生，护士！而且她现在状况很好。去吧，您去休息休息。这对您有好处。”

我不情愿地服从了医生的建议，去多姆山休息了一周。事实上，到地方后的第二天，我就给医院打电话询问你的消息。你从前一天晚上就没有增重。第三天，医院打电话告诉我你又轻了。我内心惊慌不安。你需要我，我知道，我感觉得到。度假的第三天，我依然睡不着，决定回巴黎。经历了几个小时漫长的火车旅行，我又回到了特鲁索医院。我俯身看着你的摇篮。你用黑眼睛看了我一会儿。之后，一下子把头转向了另一边。我惊讶至极：你生我的气了！

“我明白的，宝贝。我再也不会离你而去了！我保证！”

直到两个大女儿和我姐姐在多姆山度完假，我还是有些负罪感。

好在你是个不服输的人，你坚持着。8 月底，我开始听到出院的事宜。对我来说，这意味着你终于可以回家看看了。但在医护人员看来，并不是这么简单。

“她得去医疗哺乳室。”一个医生对我说。

“哺乳室？为什么？”

多年前听到的这个词又一次伤了我的心。这是社会第二次把我视为没有责任感的母亲。“哺乳室”这个词让我抓狂。

“您单身，有三个孩子。您怎么照顾她呢？您知道吗，如果我们让这样的孩子出院了，大部分两天后就又回来了。”

“我女儿不可能去哺乳室！我辞职就是为了照顾她，不是为了让你们把她从我这抢走！”

“好吧。那我们现在能做的，就是下周日把孩子交给您一天，到时候您就知道是什么情况了！”

“您觉得我每天下午来这都是白来的？！”

我简直不敢相信我的耳朵。这个穿白大褂的医生居高临下地看着我，似乎在下挑战。

在随后的周天，我品尝到了胜利的滋味。我终于向你展示了刚买的婴儿车，虽然医生考虑到你的健康状况，曾经建议我最好不要乱花钱。我的小玛丽，几个月来，你还连着这个可恶的机器，靠它给胃管输送食物。但这个周末，我的两个大女儿终于可以抱抱她们的小妹妹了。晚上回到特鲁索医院后，我骄傲极了，扬扬得意地说：

“你们看到了吧，一切都很顺利！”

获得连续三个周日的准假后，我终于被允许带你出院了，在家里住院。在一位护士的帮助下，我学会了基本的动作：准备合剂放到机器里喂给你，称体重，观察体重曲线。三天之后，我已经都学会了。护士可以走了。我又获得了母亲的所有自主权，家庭又完整了，我们都可以喘口气了。至少在短期内。因为这几个月身体和心理战斗的影响会很快向我袭来。

17 如果我离开

我不知道这次发作是怎么发生的。1983 年年底，我晕倒了，仿佛脚下的玻璃地面开裂了。当我在德侬医院醒来时，我马上感觉到这次比以往严重。我完全记不得自己摔倒了，更糟糕的是：我甚至不知道自己是谁了。“您叫什么名字？”医生们捏着我的胳膊和腿，问我。我能感觉到疼痛，我看得到，也能清楚地听见他们的话。但我无法做出反应。事实上，我刚刚经历了安定过敏，但他们和我都不知道。我嘴里很干，发软，无法思考，我看着周围惊慌失措的白大褂们，又睡着了。

几分钟后我又睁开了眼睛。周围的环境变了：墙又灰又脏，窗户上有栏杆，所有的家具都用螺丝钉在地面上。我又回到了精神病科的病床。我也没有时间观念了，不知道自己是饿是饱，是冷是热。我甚至记不清一件事情之前的事了，我的脑袋似乎只知道刚刚发生的情况，这真是白日噩梦。

这种状态持续了几天。一个护士时不时地过来给我吃药。因为口干，我吞咽都有困难，很快陷入药物的作用中。最糟糕的是，这种嗜睡状态会被癫痫发作打断，这也是由于他们给我的安定药引起的。但没人意识到这个问题。一个早晨，医生来对我说我情况好转了，但我甚至都不懂这是什么意思。“情况好转”，我不懂这是什么意思。可是减少了药量后却产生了点效果，第一个如闪电般出现在头脑中的想法就是：“我的女儿们，希望她们还好。”之后的日子，我沉重、无力的身体慢慢恢复了知觉。越来越多的想法在头脑中闪现。“我在这里干吗？我睡了多久了？今天星期几？”

进了我的房间后，医生的交谈总是一样的。“她今天怎么样了？有没有好好吃饭？她睡得好吗？”他们从来不跟我说话。我观察、聆听。我的想法开始一个接一个地串联起来，终于有一天，我觉得自己可以问问能不能回家了。可是白大褂们根本不同意。我一再坚持，提高声调。“为什么不行？我有孩子！我的女儿们！我得回去照顾她们！”可医生根本看都不看我一眼，转身对护士说：“她太焦躁了。加大药量。”我又陷入了绝望。

早晨，每天给我送早饭的护士被她的一位同事拦了下来。“不，不行！她今天早上不吃东西！”她说。过了一会，医生让我躺在了一个很奇怪、很窄、很硬的床上，没有枕头也没有围栏。我的周围是一堆从来没见过的仪器。一位护士俯身朝向我，把床每个边上的栏杆展开，有我肩膀那么高。之后，她抓起我的右手腕，用带子固定在栏杆上。另一只手也一样。最后，她在我的臂弯处输液。他们到底在对我做什么？我在这干吗，被钉在十字架上？“她准备好了吗？”一个刚进屋的医生问道。护士于是走向一个小柜子。她从一个抽屉里拿出了一个皮网放在我头上，在下巴处扎紧。“张开嘴！”她命令我。我的牙齿间于是多了一根缠了纱布的棍子。我一点都不懂他们准备干吗。但我的大脑已经无法反抗了。突然，我什么都不知道了，一片漆黑。

醒来时，我又回到了自己神经科的房间。我失去意识多久了？一小时？一天？一星期？我浑身酸痛，头晕眼花。我的大脑还在运转，但我觉得什么都丢了。“我叫什么名字？”“我住在哪儿？”“那我的女儿们，她们都叫什么？”

内心的空洞让我眩晕，很快又被可怕的焦躁感填补了。如果阿尔茨海默病也像这样，那可真是地狱一般，是永无止境地惊恐发作。我觉得自己真得快被逼疯了。突然，我听到了走廊里有护士询问我的消息："那个接受电击疗法的病人怎么样了？"

* * *

之前这段时间发生了什么致使我又回到了医院？把我的小玛丽接回家后，我确实面对着复杂的情况。在医院时，为了避免她把导管拽下来，她的小手被绑在了病床上，这幅画面在我脑海中挥之不去，我发誓再也不把你绑起来了。我于是必须一天二十四小时地监视着，如果她把管子拽下来，我就给放回去。尤其要注意的是不能把导管插到气管里，这样会引发窒息。为了避免任何危险，我夜里每半小时都定了闹钟，以确保没有问题。如果对此不管不顾我当然可以睡得更好。我也可以把闹钟间隔定得久一点。但我不想再让她去特鲁索医院的急诊室。这是出于自尊心。我想要向所有人证明我是个好母亲。结果就是我每天只能睡一小时。我怎么能受得了这个强度？不知道。在我小时候，那个疯女人让我做家务到零点，早上四点就叫醒我，在壁柜里待的那一会时间也没办法好好休息。打小开始，我的身体就已经习惯了不睡觉。这可能就是个解释。好在三个月后，玛丽增加了足够的重量，我也可以把她的饮食频率减少为每天十二个小时。我终于可以睡觉了。哎呀，我并不知道缺觉会对我的大脑造成如此可怕的损害。

在这段时间，我没有一点经济来源。继续去养老院工作也不可能了。不然我就得把孩子托付给别人。她需要如此多的照顾，我根本没想过自己放手。好在莫瑞斯特在这段困难时期为我们提供了经济支援。在这段时期，我的小宝贝每天都有进步。十八个月时，我第一次拿掉导管给她喂饭。50 克的马肉和 50 克的绿豆角，全放进搅拌机里。当我把第一勺没有黄油、没有盐、什么都没有的菜糊伸向她时，我对自己说她还没尝过这种东西呢。我非常害怕她不会吞咽或是被噎住。无论如何，我的小玛丽还从来没有咽过东西，就连一小口母乳都没有喝过。然而，和我预期完全相反，她一口气吃完了最后一口。桑德里娜，艾曼纽和莫瑞斯特当然都在场。我们四个在那天都高兴地哭了出来。这又是一次胜利。

1980 年春天，我开始照看孩子。我想办法照顾两个和玛丽同岁的小孩：塔里克和莉蒂希娅，他们分别比玛丽大四个月、三个月。在他们父母工作时，我会照看他们一整天，我也借机衡量自己女儿的进步。每次大孩子有了进步，我就会注意，这些孩子比玛丽大三个月，我会关注三个月后玛丽是不是也会做相同的事。我会鼓励她。“来，看看塔里克是怎么做的。你把勺子放在小手里，然后放到嘴里。”同其他小孩一样，她开始把餐具扔到地上了。之后的一天，她终于可以像大人一样自己吃饭了。医生曾对我说她肯定会有残疾，但我的小玛丽是个坚强的孩子。

开始时，把这些小宝宝养在家里对我来说是个真正开心的事。我终于感觉自己有了“一堆孩子”。仅仅看护他们还远远不够，每天，我都会组织一些活动：画画，甜点，唱歌，跳舞，拼图，积木。在那段快乐的日子里，我甚至还在楼下的广场给他们放了一个充气游泳池。我们一起拿着铲子、小桶在池子里走。这简直像做梦一般，孩子们开始到处翻跟头。玛丽也在那儿，躺在躺椅上，带着营养泵。我又看到她放声大笑，虽然鼻子里还插着管子。她看着周围，瞪大了双眼。她的发育完全正常，我因此感受到很大的自豪。

看到我给孩子们准备了这么多的活动，很多家长过来把孩子托付给我。几周时间，我已经拥有了很多孩子。杰娜，塔里克的小妹妹；纳西母，塔里克的小弟弟。双胞胎马克西姆和莉蒂希娅，克里斯泰勒，哈罗德。我还接待了小维吉妮，她是孩子们中年龄最大的。维吉妮是个来自于社会健康指导机构的小女孩儿，她的经历与我相似。是她的教母乔西——我以前在圣西蒙十字医院工作时的同事，把她托付给我的。从此以后，我们结下了很深的感情。晚上，附近的爸爸妈妈来接他们的孩子，维吉妮就要回到社会健康中心。她几乎每个周末和假期都会来我家。事实上，如果乔西不能照顾她，她就会来我家。但原则上讲，这种情况下她是需要待在社会健康中心的，因为她无权来我这。但稍稍违反规定也比盯着孤儿院天花板漫漫度日要强。我对此深有体会。

几个月时间，我的两居室套房成了从早到晚充斥着孩子叫声的庇护所，这让我开心极了。客厅里各色的玩具就像是地板上的镶嵌画。我女儿们的卧室成了所有孩子睡午觉的地方。将近十六点三十，孩子们走了之后，我快速收拾房间迎接两个放学的大女儿。每日如此。

三岁时，玛丽就已经赶上来了。她不仅仅活了下来，甚至没有留下任何后遗症。她与塔里克和莉蒂希娅同时被幼儿园接受。太骄傲了！第一学年结束后，莫瑞斯特甚至带着她和桑德里娜、艾曼纽一同去度假。这也是我第一次和她分开。我的小虾米长大了。她甚至可以独自一人在大床上睡觉了。她们离家期间，我改造了卧室，这样女孩们就可以一起睡了。我用从街上捡来的板子和管架，给她们做了带布帘的三层上下床。

夏天，我总是想办法让她们去乡下。但出于经济原因，我不能停止工作。于是我想到了一个既实用又惬意的主意：带上几个家长因为无法休假而不能照顾的孩子，跟三个女儿一起去度假。在度假时，我会继续照看孩子。我被孩子们包围着，简直就像是跟天使们在一起。在这段时期，我感觉不到自己需要休息。照看所有这些孩子让我露出了笑容，我很幸福。我甚至不再在意自己的病情。可我不知道自己的身体已经到了极限。

* * *

电击疗法后的几天，我终于可以出院了。我瘦得厉害，感觉到自己状态不正常，甚至不能直着走路，话也说不清楚了，结结巴巴地就像我父亲从酒馆里回家时一样。我觉得自己又脏又丑。我不能回家。我可能会吓到女儿们。我需要帮助。在圣西蒙十字医院时，我跟萨拉玛尼夫人提到过我的发病，她建议我去见拉里博瓦西埃尔医院的神经科医生沃依芒博士。我去过一次。她要求我做了一些之前没空做的检查。但刚刚经历的事让我有充分的理由认为自己疯了。我觉得自己疯了。我长久以来否定的事实似乎正在侵袭着我。我想要摆脱这种状态。可惜沃依芒博士不在。女秘书建议我预约，但我已经没有力气了。脑袋里的恐惧感让我发抖。“我疯了。我甚至忘了我女儿们的名字。我怎么能忘记女儿的名字？如果在他们面前出现这种情况怎么办？我不能让她们看到这些。不，我不能。没有我她们会更好……”

刚出医院，我就去了药房，拿出了一张旧处方，这是每次病情发作时医生们给我开的药方之一，我几年来一直把它放在包里。这张清单上写满了足以弄晕一匹马的强力药物。我把清单递给药剂师。一言不发，也没有眼神交流，他递给了我一个装满药瓶的小袋子。我在旁边的杂货店买了一小瓶水，依然一言不发，像僵尸一样。我的脑袋里只有一丝念头在缓缓地流动着。我得走了，没有我，女儿们会过得更好。我有个酒鬼父亲，我的继母是个十足的疯子。我绝不能让她们再经受这些。我要走了。

我坐在拉里博瓦西埃尔医院栅栏前的长凳上，把手伸进袋子里，开始一包一包地把药拆开，嘶啦，嘶啦，嘶啦。硫利达嗪安定药，嘶啦，嘶啦。安定剂，嘶啦，嘶啦，嘶啦。

好了，我把药都拆开了。我先抓了一把药片放进嘴里，喝了一口水吞了下去。然后继续开始，一把药，一口水。我得走。我的女儿不能看到我这样。没有我，她们会过得更好。是的，没有我，她们会过得更好。

我走了。

18 发疯

醒来后，我在佛南德－维达中毒防治中心。我的嗓子后部很疼，左胳膊上还在输液。我又睡着了。

两天后，我被关进了圣－安娜精神病医院。我意识到自己没有自杀成功。我觉得自己很没用，同时却又感到了宽慰，这种感觉很奇怪。我旁边有个极瘦的年轻女孩儿，她正在床上流口水。她叫玛丽－克里斯提娜。我还没见过这么瘦的人。她患了厌食症，医生必须用管子让她强制进食。我又一次感觉到被自我毁灭感所吞噬。我决定像我的室友一样：不再吃东西。

到了饭点，当有人叫我们去食堂时，我拒绝起床，一动不动。奇怪的是，我的做法似乎并没有引起谁的不满。护士们什么也不说就离开了。几天之后，我自己也如死尸般干瘪。我唯一接受的就是药物，这是为了不和医生发生冲突。我吞下药就再次躺下。我已经决定去死了。

几天后，我被转去了另一个精神病医院：马恩河畔讷伊的白房子医院。精神病医院在我看来离医院很远，离精神病院很近。这里的病人不会被按照病情分配房间，而是根据他们的地址。我于是来到了37号楼，跟疯子们在一起。真正的疯子。

几个小时之后，我终于鼓起勇气走出房间。我见到的第一个病人被护士们称为“宝贝”。这是位健壮的女士，她穿着棕色格子的苏格兰罩衫，破了洞的呢拖鞋，还留着好笑的西瓜头。“宝贝”一整天都在转圈，右手的食指含在嘴里。她转的圈以一米为直径，从来不会超过这个距离。而且总是按照顺时针的顺序，一声不吭。到了饭店，护士会搀着她的胳膊，带她去餐桌。但她最多只坐几分钟。她拿勺子吃一口，好了，她继续去大厅后面转圈，还是顺时针转。“宝贝”从来不会伤害谁，她已经在白房子医院转了好几年的圈儿了。由于没有家人，她会在这里一直待到生命的最后。

37号楼里还有一位很瘦的老妇人，她的黑色长发乌鸦般油光发亮，有个很大的尖鼻子，眼睛也瞪得老大。她还有个黄色的人造革大包，被她紧紧地抱在胸前。她一整天都沿着医院的墙转圈。她步履匆匆，似乎是要去赴一场最重要的约会。但是从 A 点走到 B 点，她从来不会横穿房间，也不远离墙壁。有时，她会坐在一个圆凳上，后背总是靠着墙，开始盯着别人看。她的目光似乎能穿透那个人，她仿佛能透过去看到很远的地方。这个病人让我特别害怕，她让我想到那个疯女人。每当她靠近我，我就赶紧低头逃跑。

在公共大厅，有一个台式足球桌和乒乓球桌，但却没有球。有时，病人们会假装玩球，凭空想象着，好像有个真球似的。下午，作业疗法医务助理会来。她让我们做的测试就是评测这里的人发疯的程度。我过来没多久，她就分发了一些麻布片。测试要求把这块布的四条边拆散，做成流苏穗儿。每天都做相同的测试。这人把我当成什么了？我很想告诉她我还没蠢到不知道怎么把布边拆散。但受药物的影响，我发不了火。我把自己的那一小块麻布拆开。有时，她会走到我身边鼓励我：“对的，就是这样！很好！”我像三岁孩子一样被对待，但却不知道说什么。无论如何，如果我到这儿来了，就说明我有问题。

在白房子医院，我们还会听到那些素未谋面的病人的声音。

他们的叫喊让我发冷，一会儿是持续了几分钟、慢慢响起的哀号；一会儿是野兽冲向猎物般的号叫。我猜想他们会在被注射了镇静剂后停下来，也可能在注射之前会被打几下。我对此一无所知。还有其他一些人也是别人从来见不到的。比如我同屋的这个年轻女孩，她一天二十四小时都被绑在床上。表面上看是医生们担心她从床上掉下来。但我并不觉得他们想要照顾她。她的体态特征是典型的唐氏综合征，但当时我还不知道这种病。在我看来，这只是个被捆在床上的小女孩。

早上还总是同样的规矩。铃声响起时，没有被绑在床上或是被关起来的人会走出房间，在领药窗口排队。用一个小塑料杯把药吞下去。一份药，一个杯子，一份药，一个杯子。在37号楼，所有的东西都是塑料的：被子、盘子、餐具。这是在精神病院，所以也正常，不能让病人们受伤。吃完药就是早餐时间。一碗牛奶咖啡，两个面包干，一小块黄油或果酱，不会两个都有。之后，每个人把自己的碗拿起来放到水槽里。每次集体活动，公共大厅里充斥着拖鞋的协奏曲。早餐结束后，每个人恢复自己的活动。“宝贝”继续转着她的圈。拿着黄色手包的夫人继续沿着墙走。我呢，几天以来就观察着边上这位被捆在床上的女孩。

房间里充满了刺鼻的尿味。她常常在床上小便，还流很多口水。问题是，她会好几天这样下去，没人来管。我于是负责照顾她。我给她擦嘴、换床单。用盆尽自己所能地给她擦洗。我给她穿上干净的罩衣。但我不敢把带子解开。我有点害怕她暴力发作。我也不想让护士们发现我照顾她。这种想法蠢极了，她们其实清楚得很，因为我经常去问她们要床单和干净的罩衫。她们打心里乐意我找过这个小女孩。她们会在她的牛奶咖啡里放上碎面包干给她吃。因为被绑着，要有人喂她。但护士们有时会忘记。我就会从她的床头柜上端起已经冷掉的碗，拿起勺子喂她，就像在喂婴儿一样。她常常会对我露出大大的微笑，她的颧骨夸张地升高，圆脸上的眼睛都像是消失了。

她有点像德尼斯，卢梭爸爸妈妈家里的那个残疾小妹妹。慢慢地，通过照顾她，我一点点地找回了做护士时的感觉。我又活过来了。即使药物让我变得迟钝，我却很快开始有思念的情绪。我想念我的女儿们。

在 37 号楼，朝外的窗户都加了栏杆，还装了磨砂玻璃。护士们的办公室在正中间，病房则环绕在办公室的四周。这样她们就可以留意楼里发生的动静。一个早晨，我正在拆麻布，我透过玻璃看到一个我熟悉的人——我的姐姐莫瑞斯特。她在和主任医师交谈。我很高兴见到她。我艰难地起身去拍窗户。他们漫不经心地望了我一眼，继续交谈。他们可能没认出我。我更用力地拍打，还是没有任何反应。很显然，他们不想让我加入谈话。我开始边喊边用拳头使劲敲打。他们为什么背对着我？我觉得自己变得完全透明了。就连我姐姐也这样？这太难理解了。这个可恶的医生，他在跟我姐姐讲什么？我的叫声越来越大。突然，一声哨响，聚会结束。两个结实的护士进了房间，一人拉着我的一个胳膊，让我的脚不触碰地面，他们把我带回了房间。一路上，我挣扎，撕咬。但几秒钟后，我就独自一人被反锁在房间里。我像罪犯一样被对待，这让我气急败坏，我继续敲打房间的门，咒骂所有人。两个彪形大汉透过小窗观察我。房门终于开了，短短几秒时间，我就躺下了，手脚被系在了床上。我感觉到针头扎进了左屁股。他们刚刚给我打了安定，就像对待一个发疯的动物一样。我不再喊叫。泪水沿着脸颊一直流到了耳边。我的双臂被平展地捆在了床上，既不能擦眼泪，也不能转身。我的鼻涕也流了下来，头发粘在了脸上。我皮肤上的每个毛孔都在发泄着愤怒。我最后消沉了下去，终于失去了意识。

几天之后，医生们把我的药量恢复了正常。我又一次慢慢对自己的情况有了觉知。我想念女儿们。来到这里之后，我第一次在脑海中形成了一幅关于自己的画像，一个糟糕的念头。“看看你自己吧，弗朗丝，你什么都不是了。只是精神病院里的一个数字罢了。这就是你的未来？你要像这样无所事事地在这里待一辈子？像‘宝贝’那样转着圈？”我当然也可以对自己说相反的话：“好好珍惜吧，弗朗丝。37号楼就是为你准备了。你没什么好担忧的了。休息吧。不要打扰你的女儿们。没有你，她们会更好地成长。”但第二种想法是不可能的，甚至没有出现在我脑海中。我是她们的母亲，我的姐姐把她们照顾得很好，我知道。但该抚养她们的不是我姐姐。

我首先要停止用药物恢复理智。第一步要做的就是把药片藏在腮帮里，臼齿后面。医生让我伸舌头时，我会想办法遮住下面的牙齿。对于没有疑心的医生，我就小心地用鞋跟把药踩碎，让它们变成灰尘四散在房间的各个角落。至于滴剂则复杂得多，我得做出喝水的动作。好在所有病人都在同一时间领药，护士不可能监督到每个人。当她向别处看时，我通常会趁机把药水倒在罩衣的一角，然后再假装喝下去。但这要求动作能够掩人耳目。一天，我绞尽脑汁，终于想到了一个可靠的办法。

我在胸口前放一条手帕，这样就可以把杯子一直送到嘴前面，假装喝药，而事实上杯子里的东西都流到了手帕上。这不但可以避免做出无效可疑的动作，还可以保持罩衣的干净。因为药水都被手帕吸收了，这很难被发现。

渐渐地，我找回了自己的理智。我的大脑慢慢摆脱了化学作用。我的身体也解放了。我感觉到大脑接受命令和做出相应行动之间的反应时间正在缩短。我的动作又变得流畅起来。我甚至恢复了反射反应。但我要注意，要想回归正常生活，最重要的策略是要让医生们相信我的状态没有一丁点儿变化。在他们看来，要想康复，病人需要变得完全没有情绪波动。所以为了不引发他们的怀疑，我在拆麻布时会假装手臂仍然笨重。由于药物还会影响语言系统，我故意一边组织语言一边缓慢地说话，总而言之，我在演戏。

晚上没人时，我会在房间里练习正常说话，而不是结结巴巴地说。我意识到词语从我口中说出，顺序正确，并没有太多困难。我也注意我的动作。最可信的练习就是在厕所里。如果我能够一下子就起身，不用拉墙上的扶手，就证明一切正常。为什么在卫生间？因为我确信这里是唯一一个没有别人的地方。我观察到自己一天天地进步。我正在重新成为一个正常的人。或许我可以成功找回自己的母亲身份。我满怀希望。

一天早晨，我注意到有比平常多的医生。他们正在护士的办公室里讨论着什么。我决定试试运气。我非常平静地走向主任医生——几个星期前，我看到他同我姐姐交谈。我声音清晰地对他说："您好先生，我想跟您谈谈。"她还没转向我这边，就有一个护士站到我们中间让我回房间去。我面不改色，依旧礼貌地重复道："拜托了，我想跟您谈谈。"这一次，他终于赏光看了我一眼，从头到脚地打量了我几秒钟，对我说："我们会处理的……"意思很明确：他听到了我说的话，但一点都不想向病人的任性让步。回到房间后，我坐在床上，痛苦地快把眼泪流干了。我在脚下铺垫的计策正在塌陷。更糟糕的是，医生一定明白我不会再吃药了。他们很快就会给我打针了。

但就在午餐前，一位我从未见过的年轻医生进了我的房间。"您想见医生？"他对我说。突然，我觉得自己蠢极了，渺小极了。我摇了摇头不敢看他。他又出了门，过了一会拿了一个椅子进来，坐在我面前。"我听您说。"这真是出乎意料。几分钟之前，我还觉得自己的希望都被医生的冷漠扑灭了。而现在，一个年轻人在我面前倾听。我要把所有的都解释给他，所有的。

半小时不间断的叙述结束后，我对他说："我不知道自己是什么病，但我确定的是，我不是疯子。"之后，在他离开我的房间之前，我悄悄对他说了最后一个请求："拜托了，告诉护士们别再给我吃药。"这次交谈后过了两天，我终于朝37号楼的出口走去。我在白房子医院被关了多久？不知道。我意识到气温降低了很多。落叶堆积在人行道上。我从初夏就被关在了这里，出来时已经是秋天了。这些药物让我失去了生命中的一整个季节。

独自走在马恩河畔讷伊的街道上，我突然意识到：我终于可以再见到女儿们了。我开心地哭了起来。很快，我又想到了这场无缘故的缺席。在这几个月里，别人是怎么跟她们解释的？她们又是怎么看她们的母亲？我不能不给她们解释就去拥抱她们。我得再去看一下沃依芒女士，弄明白我到底怎么了。幸运的是，这次在拉里博瓦西埃尔医院，我在她的办公室里见到了她。她还记得我。在做了几项早就该做的检查之后，这位夫人终于给出了正确的诊断：我患了癫痫。

“那怎么办，我这一辈子都会这样发病？”

“不是的，您不要担心。有一种治疗方法。”

这些话让我开心得快要倒下去了：我不是疯子，我只是癫痫！

“我还是第一次看到有人知道自己得了癫痫还那么开心的！”她开玩笑说。

交谈中我得知自己的情况尤其不能使用安定类药物。它们会“降低癫痫发作阈值”。换句话说，在巴黎各个精神病科，医生给我填喂的药物只会增加我的发病概率。

辞别了沃依芒博士，我又想到了自己在医院门前长椅上的死亡情节。为什么我想要吞下一整包药？白房子医院的医生认为我抑郁消沉。这有可能。我那时到了如此疲惫的程度。但另一方面，我那时的生活很顺利。与三个健康的女儿和照看的孩子在一起，我幸福开心。可能是安定药让我陷入了这种状态。我永远搞不清楚。但这不重要。今天最要紧的是我可以见到我的三个女儿了。

19 不期而至的幸福

我被邀请参加圣西蒙十字医院的一位老同事的生日会。这是我回归生活后第一次出去参加聚会。我觉得自己还没恢复最佳状态。为了不出差错，我尽可能地让自己不被注意到，但有人过来拍我的肩膀。

“好啊，弗朗丝。你在这干吗呢？”

雅克，我根本没想到有一天会再见到他。他以前也在医院工作，是厨师。如果有病人需要特殊的餐食，无盐或无麸质，就要去找他。但在当时，我还很逃避有男性在身边。六年过去了，他怎么还能记得我的名字？这真感人。

1985 年初，我的处境还很艰难。刚从白房子医院出院几星期，我还没找到工作。我必须重新开始照看孩子的工作才能付房租。莫瑞斯特离开了我们的公寓。更糟糕的是，我还要努力重获女儿们的信任——她们一定是听说了关于我的各种流言。回去之后，我的小玛丽冲进了我的怀抱里。但另外两个大女儿却和我保持距离。上帝啊，这让我太难过了。我不知道她们还爱不爱我，这种猜忌撕扯着我的心。答应参加这个生日晚会也多少是出于这个原因。我要重新学会微笑，但我表现得特别拘谨。

我甚至不能用“你”来称呼这位老同事。“您现在做什么？”他露出悲伤的神色，开始给我讲他所有的困难。“我去阿尔及利亚工作了几周，可是出了场严重的车祸。”他一边跟我讲一边用手指尖敲打着左腿，听起来像是空心塑料。“我的腿被截肢了，只能装上假肢走路。”上帝啊，这个男人看起来真是伤心极了。“最糟糕的是我妻子也因此离开了我。”他补充道，“她接受不了我的残疾。我于是流落街头，只能去女儿家住。”我开始很温和地对待他。这真是个可怜人。因为少了一条腿就抛弃他，这可真卑鄙。

一月份，我又在家里接收了很多爸妈出去工作的小孩。我的两居室公寓又重新被改造成了游戏房，到处都是小汽车和娃娃。有时候，我对自己说要是公寓再大一点也不能算奢侈。自从桑德里娜出生后，我每年都会递交低租金住房申请。但从来没得到回音。一天晚上，小埃利的妈妈问我："你这么多孩子怎么能住得下？你得找间大点的房子。我会想办法帮你的。"几周之后，我去参观了 20 区的一间新公寓。这栋大楼刚盖好，连边上的路都还没有名字。巴黎二十区 CM20-9 号路，这地址像是高山上的庇护所。这里其实离沙罗纳火车站就隔了几条街。街区正在翻新，连草都没有种。到了推荐给我公寓之后，我简直不敢相信自己的眼睛。一个客厅，三间卧室，一个带浴缸的浴室，一间大厨房，一间储藏室，还有一个阳台。"您满意吗？"低租金住房工作室的商务助理问我。

"什么？这是给我的？"

"是的，如果你满意的话。"

"啊，好的，当然，我很满意。"

"那就请在这下面签字。"

放学了之后，我去接我的三个小坏蛋，她们问我打算带她们去哪儿。"这是个惊喜……"电梯还不能用，我们得爬楼梯，悬念还在继续。终于，爬了七层楼之后，我给她们打开了新家的大门。在锁里拧钥匙的时候，我还有个小顾虑：她们会不会因为要搬家而埋怨我？几秒钟以后，她们开心的叫声在楼层回响。她们开始跳舞，从一间屋子跳到另一间屋子，还在阳台唱歌。这个新公寓标志着我们重生的开始。我们母女终于像从前一样了。

搬家后的一个月，我接到了雅克的电话。“我们能再见面吗？”他问我。我答应了。我这是怎么了？又变疯了还是怎么了？我们的见面进行得很顺利。我们在阿芙纶路的一家小餐馆喝了咖啡。他很有礼貌、很体贴。我们又像这样见了两三次面。一天，他问我能不能上楼来接我。还从来没有男人上楼来过我家。我为什么还是答应了他？不知道。他刚刚进来我便观察着他所有的动作。事实上，我只对一件事情感兴趣：他看到我女儿们照片后的反应。如果他质疑她们的肤色，我会立马把他踢到门外去。我还记得以前的那个女邻居，她对着我圆鼓鼓的肚皮，问第三个孩子是什么颜色的。“啊，她们可真可爱！”他看着相框对我说。自从我们相遇后，他一直在我面前表现得如此完美。今天，我觉得他如此迷人，于是便顺其自然了。

1985 年 6 月 5 日，雅克带我去蓝火车餐厅吃饭，是巴黎里昂火车站边上的美食餐厅。20 世纪初的装饰、镀金和吊灯让我眼花缭乱。

“我们来这干吗？”

“弗朗兹，你愿意嫁给我吗？”

“不。”

我毫不犹豫地回答，让原本开场很好的晚餐冷了场。几秒钟的犹豫后，我看到他试着重新掌控局面。

“为什么不呢？这对女孩儿们也是好事！我们相处得很好，不是吗？”

我一直以来就拒绝给她们找个继父。但确实，他总表现得很关心她们。雅克来我们家从来不忘给孩子们带小泡芙。他很喜欢孩子们，孩子们也一样。他只用了几分钟便说服了我。我最后答应了。

当天晚上，我召开了家庭会议。当我们向女孩们宣布消息时，我的小玛丽从椅子上跳了下来，叫道：“耶！我以后再也不用姓皮埃尔－迪·居道尔吉了！”这是因为我的小宝贝才刚刚进入小学预备班，写起名字里的大写字母 C 还很费劲。我们都开怀大笑起来。之后我继续说："宝贝，是妈妈要结婚了，是妈妈要换姓氏，不是你们。"孩子们开始争论谁会有最漂亮的裙子，几分钟的嘈杂过后，雅克俯身问我为什么不让孩子们做选择。他说得对。这是我们很久以来跟孩子们设立的传统：家庭会议以投票结束。好了，那就投票吧。"谁希望女孩儿们保留她们的姓氏？"看到只有我自己举手，我有点小心痛。但我不得不接受事实：我的女儿们的姓氏将是盖兰，跟我丈夫一样。在一天中征求了三个孩子关于结婚和改姓的问题，这确实有点多了。但当我看到雅克怀中微笑着的女孩儿们，我的所有怀疑都蒸发了，只剩下甜蜜的愉悦。

1985 年 9 月 25 日，我们在 20 区的区政府举行了婚礼，28 日在图尔附近小村庄里的莱瑟萨尔德教堂举行了宗教婚礼。之后，我们还想要一个孩子。不幸的是我的身体无法实现了。三十三岁时，我想要成为很多孩子母亲的愿望并没有削减。但却无法再生育了。为了弥补这个空白，我又开始照看新邻居的孩子们。

三个月的奥黛丽，两岁的吉内米。孪生兄弟克莱芒和安东尼。还有小才女利拉，四岁的她已经会读会写了。还没有算上那些来我家做作业的小孩。最好的时候，住在周围大楼的家长们也会来把孩子托付给我。我用最大的热情接待他们。但有一个问题的症结：我没有看护孩子的资质。一天，一个妈妈向我提出了这个问题。后来发现这位妈妈还是玛丽的小学老师。我惭愧极了，恨不得躲起来。“没什么，这不要紧。”她安慰我说。“我知道您是怎么和孩子们相处的。你能不能也接收我的女儿？”很久以来我就没有位置了，但我对小玛戈破了例。几个月后，米里亚姆，我牙医的助手又让我破了一次例。我那时躺在躺椅上，正经受着砂轮的折磨，突然听到孩子的哭喊声。

“谁家的孩子在哭？”

“是我的女儿，一直找不到保姆，只好在工作时把她放在候诊室。”

这天，我带着小莱拉离开了牙所。我怎么能让小孩一个人在候诊室里哭呢？一年之后，米里亚姆又怀孕了。显然，产假结束后，我家里又多了小马尼勒。她的第三个孩子小艾妮莎也一样。米里亚姆非常信任我，以至于一恢复工作，就把这个出生还没到十天的小女儿带给我。我带着这三个孩子到处玩，海边、乡下。我像对待自己的孩子一样养育他们。我和这些孩子之间自然而然地建立了深厚的感情。很多年后，他们中的一些不再需要保姆了。但很多孩子会经常来看看我，告诉我他们的新消息。这些都让我的心里倍感温暖。

我对孩子的喜爱从未枯竭。所有的这些孩子让我的生活变得圆满。但遗憾也总在那里，因为这些孩子不是我自己的。晚上，我要把他们交还给他们的父母。周末，我们的公寓就又变安静了。我曾经是个没有根的小女孩，现在就特别想成为一个树干，而最重要的任务就是尽可能多地长出枝干。是的，我已经有三个女儿了，可是三个女儿不能算是很多孩子。而那句我深埋在心底的话总像是被遗忘的泉水喷涌上来："等我长大后，我会有很多孩子，我不会像家人对我那样对待他们，我要给他们所有我不曾得到的善待。"

这就是为什么在 1988 年年底，雅克和我决定开展一场冒险——收养孩子。九个月的时间里，先是办理了一些医疗证明，之后是很多的心理面试，行政部门终于给我们批准了。女孩们因为想到会有小弟弟或小妹妹而高兴得发疯。但并不是获得了许可就可以直接领养孩子。对于一位匿名诞生的婴儿，有大约五百个领养申请。大部分的夫妇比我们年轻，还没有孩子，而我们已经有三个孩子了。换句话说，我们不是名单上的首选。几个月过去了，我们没有获得任何推荐。

之后的一天,我们十岁的小玛丽告诉了我们一个奇怪的想法。

“如果我们领养像我这样的孩子呢。”

“什么叫像你这样的孩子？”

“嗯……生病的……”

确实我们没想过这一点。那些生下来就患有严重疾病的孩子经常被抛弃在哺乳室。在这种悲剧面前，每个人都会量力而行。一些家长更倾向于离开孩子，以至于不过多依恋。我也不敢想象自己再经历为小女儿所经受的一切。

“啊，不，我的宝贝。妈妈不会要再经历跟你经历的那些。那太艰难了。妈妈没有力气了。”

看起来若无其事，但玛丽刚刚在我这个母亲的脑海里撒下了一颗种子。生病的孩子不行，但可以是不同的孩子……

20

我的男孩们

“挺有意思的，我兄弟家里最近收养了一个先天愚型儿。”小玛戈的妈妈对我说。我刚刚跟她提到我们有收养问题儿童的想法。“她是通过艾曼纽协会办理的。你如果需要，我可以给你他们的联系方式。”

我完全不知道什么是先天愚型儿。但短暂的交谈之后，我赶紧去书店买了一些相关资料。在医学文学柜台的尽头，我找到了一本带插图的小书，向孩子解释先天愚型：《一个跟别人不一样的小弟弟》。我还没想到这，但我确实应该问问女儿们是否同意。如果要征求她们的意见，首先要给她们解释什么是先天愚型。玛丽－伊莲娜·戴尔瓦尔的这本小书当然再合适不过了。回家以后，我在沙发上给环绕在我身边的三个女儿读这本书。

故事中有个叫莉莉兔的小女孩，她的弟弟有些特别：“嘟嘟兔是个跟别人不一样的小弟弟。嘟嘟兔会做出奇怪的鬼脸，他会像蜥蜴宝宝一样眯起细长的小眼睛。他让耳朵软软地垂下来。他伸出舌头，还有点流口水。”读了几页我们发现，这个小女孩有些嫌弃她的小弟弟跟别人不一样。后来，随着时间的推移，她变得很依恋他。故事的结尾让我流出了眼泪：“莉莉兔很幸福。她有一个兔爸爸，一个兔妈妈，一个哥哥兔，一个姐姐兔，还有个小弟弟，嘟嘟兔，他有点……怎么说呢？有点差错，但他每天都在进步。”

合上书，我们一致决定要收养一个先天愚型小男孩。

1989 年 12 月 24 日，我收到了一封来自艾曼纽协会的信。他们接受了我的申请，有三个先天愚型男孩可以收养。为了避免空欢喜，我把信藏了起来，没有对任何人说。我想先确认自己弄懂了信的意思。我给协会打电话。负责人证实了我在信里看到的内容。“不过，您在许可证明上有注明先天愚型儿了吗？”她问我。这个问题在我看来很可笑。

“啊，没有，为什么？孩子就是孩子，就算有些特别，那也还是孩子啊。”

“这是必须有的。您需要去社会健康指导机构把这一条加在您的证明里。办好了之后，请把文件传真给我。”

之后的日子里，我们买了一张床，一些玩具，一些衣物，一个奶瓶……对于先天愚型儿没什么特殊的产品，因为那时还没出现。不过我也确实不了解。我的小女儿艾曼纽决定做弟弟的教母。为了落实她的角色，我给她钱让她给小弟弟买衣服。几个小时之后，她买回来了一个格子小长裤，背带，一件白衬衣和一个黑色马甲。想象着我们的小男孩穿上这套可爱的衣服，我们母女四个都赞叹不已。

1989 年 12 月 10 日，早晨 8 点，我和玛丽的教母皮尔丽特一起，去看我们的儿子。雅克则要留在家里照看女儿们。艾曼纽协会坐落在曼恩 - 卢瓦尔省蒙茹瓦市的森林深处。要在路上花上三个小时才能到达。刚上路时，我们两个都心花怒放，就像是两个第一次去度假的小女孩。我往包里看了十多遍，确定自己带了领养许可，身份证及其他证明。之后，越是接近目的地，我们的交谈就越少了。几乎不说话了，我只能听到皮尔丽特车上的马达声，我开始思虑：“他会喜欢我吗，这个小男孩？他能不能接受新环境？”我本该好好研究下这个问题的。无论如何，即使已经读了很多资料，我还是不清楚先天愚型究竟是什么样。我知道这类孩子通常会有心脏问题，皮肤也很脆弱，很晚才走路，还有一些孩子不能读写。过去，我认为孩子的智力是自己不能忽视的最重要的能力。自从决定收养一个先天愚型儿之后，我就不再这么想了。事实上，自从做出决定开始，影响我的就只有两个问题了。第一个问题：女儿们能不能接受收养？一个孩子的到来会是件影响家庭的大事，也会引发焦虑。但正常情况下，我们有九个月的时间做准备。而这次，我们只有三周的时间。是不是有点仓促了？

第二个问题很蠢：这个孩子，我能不能让他幸福？

过了勒芒之后，我们在一个小村庄停下来喝了一杯。我们俩都想喝。在村庄广场上一个其貌不扬的小酒馆，我们喝了一杯加苹果烧酒的咖啡。这还是我这辈子第一次喝酒。我们笑了。这真不是我们的风格。皮尔丽特跟我一样，几乎厌恶酒精。但情绪太强烈了，吞下这杯烈酒让我们镇静了下来。

我们回到车里。开了几公里之后，一个写着白字的木质箭头指示我们艾曼纽协会就在左边，要沿着穿过森林的土路。我们继续前进，有些犹豫。车慢慢地朝树林深处驶去。一个右转弯后，我们来到了一座非常漂亮的木屋前。我前去敲门，一位精致考究的先生接待了我们，他就是让·阿兰格翰——协会的创始人。他的鼻梁上架着小眼镜，身穿白色衬衣和海蓝色羊毛衫。“您好，我是盖兰女士。我和我的朋友皮尔丽特一起来的。”

“女士们您好，请进。”

我的目光在房间里寻觅那个小家伙。在左边，我看到一个壁炉，就在壁炉的前面，有个躺椅，一个金色头发的小孩穿着蓝色睡衣，眼睛半闭着，粉色的小舌头在下嘴唇边露出。先天愚型儿的舌头通常很厚，上颚又浅，这就是为什么他们的舌头总是露在嘴巴外面。这个我知道，我读到过。但几秒钟的时间，我却好像有点退缩了。我收养他是正确的么？阿兰格翰先生或许感受到了我的犹豫，他牵着我的手，带我来到小躺椅前。“我向您介绍艾曼纽，您可以把他抱在怀里。”他对我说。在等待被收养之前，协会里的所有孩子都叫艾曼纽。之后，养父母再为他们取喜欢的名字。我俯下身，把这个睡着的小宝宝抱在我胸前。我听到了他的舌头发出小声响，小脑袋动了一下，两下，然后靠在我肩膀上：他又睡着了。行了，好了：我是他的母亲，他是我的孩子。就这么几秒钟的时间，我的所有顾虑都打消了。我觉得这像是自己的第四次分娩，无关疼痛，但体验的情绪是完全相同的。

我把我的孩子放回到他的躺椅。我们和阿兰格翰先生围坐在餐桌旁，处理收养文件。他递给我的第一个文件像是个先天愚型儿的使用说明："先天愚型儿童容易便秘，皮肤脆弱，易患感冒。要极其注意他们的耳朵卫生，因为经常耳朵发炎……"这可真是个没头绪的列举。在这张纸的底部，还有最后一点很明确：养父母可以有一年时间改变主意。换句话说，遇到问题的话，可以有一年把孩子还回来。要么满意要么退还？我没有声张，但看到的内容使我惊讶。阿兰格翰先生又给我看了一个写着 516 的白色信封。里面是孩子生母留下的圣章，一面是圣母玛利亚的面孔，另一面是她的名字：玛缇娜。里面还有一份出生证明。我得知艾曼纽是这位年轻女人的第四个孩子。在他出生时，她 26 岁。她已经有三个年幼的孩子了。我能想象到她的艰难处境。如果她是个单身妈妈，我完全能理解她的选择。我突然发现在 abandonné（遗弃）这个词中，藏着 donné（赠予）。我喜欢这个词。艾曼纽被赠予他人，这样他才能在更好的条件下成长。之后的每一次生日，每一次的母亲节，我都会感动地想到这位妈妈，她赠予我最美好的馈赠。我也相信她也会想到我。夫人，谢谢您。

回到巴黎后，见面的场景美妙极了。我的女儿们一个个地俯身亲吻这个与众不同的小弟弟。之后，她们齐声问我小弟弟叫什么名字。艾曼纽，跟我的女儿一样？不，要重新找个名字，我要给孩子改名。啊，我已经想好了。他会叫让－大卫，跟我们一位邻居的儿子同名，因为我觉得他可爱极了。邻居不会感到意外的，我之前常常跟她说：“你的儿子太可爱了，如果有一天我也有个小男孩，我也叫他让－大卫。”

之后的日子，我们几乎恢复了往日的生活。我专职照顾让－大卫，同时继续照看孩子们。莱拉和马尼勒每天都在。像当年玛丽出院后一样，我观察其他孩子的进步以评估我们的小男孩。三岁时，他进了幼儿园。在学校的院子里，莱拉牵着他的手，像介绍自己的小弟弟一样把他介绍给其他孩子。她看上去骄傲极了。她当然意识不到弟弟的与众不同。或者，她可能已经意识到了，但她很骄傲自己的小弟弟如此特别，跟别人不一样。但我接他们放学时，她替弟弟说话。“今天，让－大卫给我们画了一幅特别漂亮的画。他还在院子里踢球了。”围绕在他身边的温情让我欣慰。但我知道这不会持续很久。先天愚型儿发育比其他孩子慢，他们与同龄人的差距很快就会拉开。但在莱拉之后，是她的弟弟马尼勒接班。中午，他不在食堂吃饭，而要求来我家跟让－大卫一起吃。将近一年每天如此，我看着他俩像老朋友似的打趣逗笑。真幸福！

1994年，雅克和我开始为将来考虑了。桑德里娜已经离开了家。艾曼纽有了男朋友，也要走了。至于玛丽，她只比姐姐小两岁半，很快也要离开了。“我不想我们像两个老傻子似的，在家里和悲伤相伴！”我大笑着对他说。更认真地说，我不想要让－大卫独自成长，这可不好。

我们喜爱我们的生活。就这么简单。我们于是决定再收养一个先天愚型儿。作为收养儿童家长联谊会的成员，我连续几年都会去法兰西岛的妇产医院，给生下先天愚型儿的家长解释他们可以面临的选择。我也因此知晓了另一个协会，“一个孩子一个家”，这个机构支持残疾孩子。是他们让我知道有个先天愚型的小男孩——马提亚，他自出生就被抛弃在巴黎纳伊加特岛的保罗· 巴尔奎托儿所。唉，这个孩子的情况很复杂：

父母承认了孩子，但却不照顾他。他于是不能被领养。换句话说，我可以花几年时间照顾他，但如果有一天爸妈想把他领回去，他们是有这个权利的。我照顾这个小家伙一年、五年、十年，之后被人从我这里带走，这可不行。我受不了这样。与他的家长通信三个月都未获得答复后，社会健康指导机构最终决定给这个孩子受国家监护儿童身份，我们也因而获得了收养权。

1996年5月，雅克和我看了马提亚的档案。照片上是这个小孩有三岁，戴着绿色小眼镜，穿着红白背带裤。眼睛半闭着，脖子很短，脸有点平。没有任何疑虑了，马提亚是个很有趣、很可爱的先天愚型儿。

但事实上，马提亚并没有那么有趣。第一次在托儿所见到他时，他前后摇晃着，用手背拍打着下巴。他三岁了，却还不会走路。真是个小野人。我凑过去，尽可能平静地把他抱在怀里。但和让-大卫不同的是，这个小男孩似乎不喜欢拥抱。他突然使劲拽我的头发，我不得不狼狈地把他放下。回到家后，我觉得自己完全不知所措。这个孩子看起来还有自闭症。我一夜无眠，想的全是这个孩子的问题。我怎么做？他有一些问题，但不能因此就剥夺他拥有家人的权利。如果他不来我们家，会变成什么样？一大早，我就叫醒了雅克问他的意见。“你怎么想就怎么做。”他平静地回答我。

我最后签了第二个领养文件。1996 年 7 月 8 日，马提亚，我的第五个孩子，还到了家里。前几个月，我为自己的决定做出了各种努力。先要教他走路，拿勺子，表达需求，动作更温柔。还要教他吃饱饭。在托儿所时，我的小家伙在两餐之间不能吃东西。以至于现在一上桌，他就把能吞的都吞下，确保自己什么都没错过。我用了几星期的时间让他明白，饿的时候，我们可以去冰箱里找吃的，可以吃酸奶。我要让他学会自由自主。在生活中，我们可以吃，喝，进，出，自由移动。问题是，这种自由的感觉让他欣喜异常。在托儿所时，门都是锁上的。我们家就不是这样。有时候，我发现我的小马提亚会开关门玩儿，最后变得异常兴奋。通常来讲，他的感情强度激烈，离精神崩溃都不远了。沉浸在喜悦的旋涡中，他开始越来越大声地喊叫。这些时候让我害怕。但我找到了一种让他平静下来的方法。我坐在地上，用胳膊和腿环绕着他，像是第一次在托儿所看到他一样，前后摇晃。这是让他安静下来的唯一方法。恢复理智之后，他会用手摸我的脸，看上去羞愧而难过，好像在说：“对不起妈妈，我知道我刚才不乖。”

对他童年印象最深刻的一件事就是看雨。那是秋天的第一场暴雨，雨水慢慢地沿着玻璃窗流淌。他被水滴声吸引，朝外面看了一眼：发现了。他开始敲打窗子，但只是轻轻地，也没有叫喊，就像平时看到让自己惊讶的东西时一样。我观察了几秒钟，他看起来很平静。我把他抱起来，带他去阳台上。慢慢地，他将小手伸到外面。一滴雨落下来，他马上把手缩了回来。但他的所有动作都是小心谨慎的，没有狂躁，也并不粗暴。对于他来说，这从天而降的水滴就是魔法。几分钟后，因为害怕着凉，我们进了屋。但我感觉到他有些伤心。为了让他高兴，我把一块旧防水布给他剪成了斗篷，又给他换上了橡胶雨靴，我们俩一起下楼在雨中行走。雨水在他的脸上、手上流过。他看起来如此开心，这场新的冒险将会成为惯例。长此以往，每次下雨，我都知道要赶紧拿出雨靴，去体验从天而降的魔力之水。邻居们肯定觉得我疯了。管他呢，我的小家伙是如此开心！

21 美丽人生

2004年7月29日，雅克离开了我们，因为中风。家里承受了巨大的苦痛。电话铃在半夜响起，我们匆匆赶到医院。当重症监护科的医生告诉我们他去世的消息时，玛丽变得歇斯底里，桑德里娜完全呆住了，不停地流泪。艾曼纽则蹲在他的病床前，像个受伤的动物一样叫喊。

雅克和我四年前就离婚了。日常生活的烦琐，夫妻间的摩擦，我们的二人生活运转不下去了。但他的去世让我跟女儿们同样难过。他曾经是，也永远是我孩子们的父亲。确实，从某种程度上来说，他还是我的丈夫，因为我没有恢复婚前的娘家姓。我还是叫弗朗丝·盖兰，这样挺好的。其实，我很反感提出离婚。那时，我非常害怕自己像我的生母一样。我这一生都在竭尽全力地让自己的所想所为同她截然不同，潜意识里也是害怕在我的孩子身上重复她强加于我的命运。做出离婚的决定，从某种程度上来说，也是承认她可能不得已才离开我的父亲。但这些想法快把我逼疯了。我感觉自己被困住了，没有能力避免离婚，即使我尽自己所能地排斥离婚。

之后，随着时间推移，我最后明白了我离婚和她离婚完全不一样。最简单的原因：她抛弃了自己的孩子，而我则尽自己的努力保护我的孩子们。此外，我从来不说雅克的坏话。因为他也一样，虽然分开了，他知道要表现得像是孩子的庇护者。雅克很爱我的女儿们，女儿们也把他视作自己的父亲。而且多亏了他，让－大卫和马提亚走进了我的生活。如果我们没有在一起过，我是不会获得收养许可的。对于我的所有孩子来说，雅克就是他们的父亲。

好在我还有很多的孩子。先是我那两个十一岁和十五岁的小孩。离婚后，我对他们照顾得很多。这确实不容易，但他们取得了巨大的进步。让－大卫有了很强的自主性，比如可以帮我去超市买点东西，这完全没问题。他还能自己坐地铁了，甚至会在夏特莱站换乘，而全球各地的游客都会在这转向。确实，每次我都向上帝祈祷别让他走丢。但迄今为止，他总能找到路。至于马提亚，他还总是沉浸在自己的世界里，离我们很远，但他也学会了最基本的：把饭吃干净，自己清洗和穿衣服。之前，跟他交谈是不可能的，现在他能明白拥抱的语言。这是最重要的。

还有，自从玛丽2002年8月18日生下玛艾瓦后，我就当奶奶了。当然，她恢复工作后，是我来照顾孩子。由于我不想让她一个人，所以又接收了两个小孩：瑞安和卡桑德拉。加上马提亚和让－大卫，公寓里又充满了孩子的叫声。同曾经最热闹的时候一样，所有墙上都挂了画，玩具四散在客厅里。

我远远没有料到2004年这一年对我来说是怎样的考验。雅克去世后，让－大卫出现了严重的呼吸问题，这使他昏迷了三周。命运真是讽刺，他进了特鲁索医院的重症监护室十楼，12号房间，这正是二十年前玛丽待过的地方。出院后他变得瘦小虚弱了很多。因为大脑经历了好几分钟的缺氧，他的很多能力都丧失了。不能再坐地铁，也不能去超市买东西，都完了。恐惧和焦虑让他不能动弹。从此以后，一点意外都会引起他极度的不安。需要给他进行神经安定治疗。更可怕的是，这种焦虑使得他不得不穿上尿布。给一个十五岁的青少年解释他不得不再像婴儿一样带着尿布，这确实不容易。但事实如此，这就是生活。

很快，又轮到马提亚回到医院了，因为骨软骨炎，也就是俗话说的胯骨伤寒。医生告诉我诊断结果时，我差点就问他是不是在跟我开玩笑。唉，可惜这不是个玩笑，情况要严重得多。马提亚没法走路，在床上待了三个月。之后在圣－莫里斯的康复中心治疗。他从脖子到膝盖都打了石膏，每天都躺在板子上。他不会读也不会写，却又不能被中心的学校接收。更糟糕的是，他没办法同医护人员沟通，甚至不能说出自己大小便的需求。我的小马提亚从早到晚被固定在板子上，大小便也都解在身上。傍晚离开他时，他盯着我，之后把头转向另一边，同时做着手势，像是把我作为“坏人”。一周之后，我终于受不了了，我把他从这残忍的医院接了出来，带回家里。他在我们家的医疗床上结束了疗养。

雅克的去世，让－大卫差点离开我们，马提亚好几周都需要我全力照顾，2004 年是特别高负荷的一年。很久以来，我第一次感觉到了疲惫，我需要休息。我于是结束了照看孩子的工作。把大病初愈的两个男孩送到了医疗教育学院。开始的几天，我很享受这种新安排带来的平静。我白天在家休息，阅读，看看电视。晚上把两个活宝接回来，给他们做晚饭，然后送上床睡觉。但我很快就觉得泄气了。几天之后，我就意识到自己有多孤独。这两个儿子就是我生活中的惊喜，是无价之宝。他们的笑容让我融化。但他们都不说话，我不得不自问自答。每晚见到他们我都很开心，但交流总是单向的。在此之前，我每天早晚会跟自己照看的小孩的家长交谈。没了他们，我的社交几乎为零了。

2005 年开学时，一位朋友——让 - 路易，察觉到了我的不安，他建议我跟他一起去蒙特勒伊的爱心餐厅工作。除了能想到创始人幽默大师科吕什的亲切面孔，我对爱心餐厅了解得并不多。但我迫不及待地想要出门见见人。于是，虽然不太知道自己将要面临什么，我还是在第二天就去工作了。我从分发工作开始：牛奶，面粉，糖，罐头，水果，奶酪，酸奶。最基本也是最重要的，就是要发给所有人。需要管理好库存，不能让任何人空手而归。随着时间的推移，我开始熟悉这些人了。有些人很羞愧，他们低着头，用手指示意他们需要的东西。还有些拄着拐棍的驼背老人。还有位老夫人，每次对她笑她就会流泪。还有些单身妈妈带着孩子们来。所有这些有困难的人很快成了我新的家人。几个月后，我知道了他们的姓名，孩子和老人的年龄。我见过苦笑，也见过绝望的泪水。我倾听苦难，也分享喜悦。这些人让我感动，就好像我们曾共同成长。我觉得自己在他们每个人身上都看到了一点自己的影子。

多亏了让 - 路易，他让我跟他一起在爱心餐厅工作，这让我又活了过来。但到了 2008 年，我意识到每个月月底变得越来越困难。东西都变得很贵，我甚至没钱给孩子们买双鞋。自从雅克去世后，不同的补助津贴让我每月能有七百二十六欧元。由于我做饭的手艺不错，有时候靠准备生日下午茶或洗礼典礼也能赚点小钱。这些都能帮我维持。

一天，爱心餐厅的女同事，我的朋友丹尼尔来我家喝咖啡。她看着我快空了的冰箱，对我说："你可以看一看标准。"

"什么标准。"

"能在餐厅里领东西的标准……"

她说得对：我没钱了。但我觉得太惭愧了！我意识到自己原来同三年来跟我领食品的人们境遇相同。我是……贫困的！

我用了几天时间给丹尼尔看了我的补助文件。很显然，我处于低标准水平，于是成了爱心餐厅的援助对象。让我感到宽慰的是，我保留了自己的志愿者身份。这是我的骄傲。这让我认为自己每天早晨都去工作，虽然我晚上带回家的不是薪水，而是一篮子食品。一开始，我在装篮子时还总觉得羞愧，之后就释然了。

六年之后，我还是每天开心地起床，去蒙特勒伊的爱心餐厅，给六百个注册的家庭服务。然而，一位老夫人的问题常常使我慌张："您有没有一盒金枪鱼呢？这样我可以和我的猫分享。"这些女人们什么都没有了，她们用自己的一生抚养孩子，没有退休金。我也跟她们一样。

如果一切顺利的话，我的女儿们不会有这种问题。如今，桑德里娜是育婴员。艾曼纽是文学博士。玛丽在皮具厂工作。她们三个都找到了自己的方向，有了爱人，有了孩子。我为她们骄傲。当然，我也没有向她们隐瞒自己的经济状况。但我断然拒绝向她们要钱。为了尊重我的意愿，她们会送我一些实用的礼物。我还有四个孙子孙女，他们也都知道自己的祖母并不宽裕。在他们更小的时候，每逢圣诞节，我不会去商场花钱，而是拆开一件旧外套，给他们做娃娃。没什么能阻止梦想，缺钱更不是理由。

要不顾一切地坚持梦想。正是这个信念指引着我的一生。我的小玛丽，我最小的女儿，她在生命的前几个月经历了这么多的痛苦，却是第一个为我生下小孙女的孩子。她刻骨铭心地记着降临在这世上时接近死亡的纷杂，却生下了自己的孩子，这确实不简单。但玛丽从来没有生活在创伤之中，正是她促使我们领养了不同的孩子。我还记得她说话时脸上的微笑：“如果我们收养一个像我这样的孩子呢？”那时她才刚刚过完十岁生日。

我有黑孩子，白孩子，亲生孩子，领养的孩子，甚至还有残疾的孩子。当看到他们聚在一起时，我觉得自己似乎做得还不错。

我的三个女儿有了她们的生活，我独自一人和两个男孩一起住。事情并不简单。让－大卫二十五岁了，他还是总有健康问题。药物让他变得过度肥胖。他的肺部在生病时受损，他呼吸不足，很容易感到疲惫。但我每天继续带他们散步，为了推迟他们坐轮椅的时间。而他的悲剧在于，他非常清楚自己的状况，这很不容易。好在他和三位姐姐以及侄子侄女相处融洽。看他们在一起玩，我从不会感到倦怠。

马提亚已经二十二岁了，但他的心智却只相当于五岁的孩子。然而他却是两个孩子里最快乐的。他还没有意识到自己跟别人有多少不同。他和莫瑞斯特相处得最好。只要喊一下他的名字，他的脸上就能绽放出光彩。不过跟他交流还是无法实现。他不能连续说出两个音节。但他有时也会给有一个惊喜。一天，我送给他他一直想要的《白雪公主》DVD，看到封面时，他高兴地跺起了脚。他看上去是如此开心。最后，他看着我，对我说："谢谢妈妈！"我简直不敢相信自己的耳朵。他刚才说了两个词，四个音节，只对我一个人说。我是最幸福的妈妈。从适宜的角度看，生活多美好啊。

"你不一样。"有人对我说，"你想要抚养他们！"

确实如此，我想要抚养他们，我的男孩们。但这并不意味着我不用面对其他先天愚型儿妈妈们所共有的难题。对我来说最难的，就是别人看他们的眼光。例如，在地铁里，总有些蠢货情愿站着也不愿意坐在让－大卫旁边的空座上。在学校，经常会遇到家长向负责人抱怨，因为他们孩子的班上有先天愚型儿。女士们，我们的孩子的确是残疾的，但他们也可以做很多事情。跟所有孩子一样，他们有他们的优点，也有他们的缺点，有他们的长处和他们的短处。确实，有时这的确很难。但有一件事是肯定的，我们的孩子至少永远不会犯罪。

我也会遇到有人问我，带着两个儿子，我怎么安排自己的晚年。我不是疯子，我清楚地知道最好的安排是他们在我之前走。他们的寿命比我们的更短，所以这也并不是不可能。如果情况相反，我知道他们会被我的女儿和我的姐姐细心呵护。我不知道自己是不是个好母亲，但我至少在一件事上成功了：我的所有孩子都明白“爱”的真谛。

还有关于原谅的问题。“原谅我们的罪过，就像我们原谅……”我有时会去做弥撒，总会遇到这句话。但我不能自已，从来没办法说完这句话，原谅我的生母抛弃我们？原谅那个让我遭受苦难的人？原谅我父亲视而不见？

如果原谅意味着赦免，意味着要像什么也没发生似的抹去所有发生过的，像磁性写字板一样，我做不到。我无法忘记。但如果原谅意味着放下愤恨，不再诅咒另一方，用完满的生活解放自己，不再重复我们所经历的不幸，原谅就是有可能的，然而我还没能做到这些。但我觉得自己已经打破了虐待的圆环。对于儿时所承受的痛苦，我用向家人的爱与无尽的付出作为回应。生活是美好的，我不再害怕这样说。我希望所有经历过家庭暴力的人知道，他们是有选择的，选择爱，给予，也可能是宽容。

后　记

母亲节的前夜，我预料到了一切却唯独没有预料到这些。所有聚集起来为我庆祝六十岁生日的亲友们：我简直觉得自己在做梦。到场的有我的姐姐莫瑞斯特。我的三个女儿：桑德里娜，艾曼纽和玛丽。我的两个儿子：马提亚和让－大卫。我的孙子们：提贾尼－雅克，玛艾瓦，伊莱亚斯和马文。我的小维吉妮长大太多了，她从前从社会健康中心溜出来到我家来。她带着女儿多瑞亚娜一起来的，而我也是这个小女孩的教母，还有多瑞亚娜的丈夫罗曼，以及他们的小女儿莱阿。还有让－路易，我永远的朋友，是他让我了解了爱心餐厅，他也是和妻子、孩子和孙子一起来的。此外，还有娜塔莉，迪迪埃，米瑞，丹尼尔，乔治－阿兰，瓦莱丽，玛丽－克里斯提娜，等等。

我们吃着，喝着，笑着。孩子们在桌子底下捉迷藏。每过两分钟，就会有人走到我身边看我，跟我说几句祝福的话。“生日快乐，妈妈。谢谢你为我们付出的一切。”我傻傻地笑了。“谢谢你，弗朗丝，每当我需要你时，你总在我身边。”我偷偷地抹了一下眼睛。“生日快乐，奶奶，你为什么哭了？……”

我们吃完了甜点，所有的宾客起身聚在我面前。这时，响起了一首我熟知的歌曲的前奏：萨尔瓦多·阿达莫的《可以么，先生？》我少年时在父亲的点唱机上听这首歌。太难以置信了。我还觉得只有我一个人会唱。但就连让－大卫和马提亚都学会了。

今天是好人们的舞会。
小姐们，你们真漂亮！
不要想要发发疯：
发疯是淘气鬼做的事。

可当我竖起耳朵，我发现这不是原来的歌词。玛丽递给我一张打印的歌词，我可以跟上他们节奏。

在你身边，我们幸福又明朗
在你手中，一切像魔法般变好
无论是架子，受伤的心，或是菜肴
你手里握着的是财宝

冬日来时织毛衫
有烦恼时听我们聊
你知道如何让我们心安
你值得我们也向你付出，这很正常

副歌：

生日快乐
你是妈妈，是姐妹，是友人
别忘了你也是
超棒的奶奶

听完了第一段，我已泪水潸然，我又想起了卢梭妈妈和莎伏安艾克。我意识到了这两位女性是如何为我起到了榜样的作用。她们的爱在我心里种下了善良的种子。我真希望她们也能来这里，看看我的变化。她们俩一定会为我而自豪的。在亲友的鼓掌声中，我轻声说出的这句“谢谢”，也是送给她们的。谢谢。谢谢。谢谢……

致　谢

感谢尼古拉斯，没有他，这个故事，我的故事就不会被写出来。在我心中，他已经成了我的第三个儿子。

感谢我的孩子们，桑德里娜，艾曼纽和玛丽，让－大卫，马提亚。我曾经在衣橱中想象出来的孩子成了真，他们成了“我的阳光”。

感谢来到我生命中的孩子：维吉妮，瓦莱丽，塔里克，捷阿娜，纳西母，利拉，梅尼，安妮莎，等等。

感谢我的丈夫：没有他，我不可能获得两个可爱的儿子。

最后，感谢生活！

特加苏打水。冰块叮当作响：在她听来，没有比这声音更悦耳的了，就像英国人的口音或高跟鞋敲在瓷砖上的嗒嗒声，那么优雅从容。“我很好。”